できる

たのしく やりきる

Scratch 3
子どもプログラミング 入門

株式会社タイムレスエデュケーション
小林真輔

インプレス

ご購入・ご利用の前に必ずお読みください

- 本書は、2019年9月現在の情報をもとに「Microsoft Windows 10」や「Microsoft Edge」「Scratch」の操作方法について解説しています。本書の発行後に「Microsoft Windows10」や各ソフトウェアの機能や操作方法、画面などが変更された場合、本書の掲載内容通りに操作できなくなる可能性があります。本書発行後の情報については、弊社のWebページ（https://book.impress.co.jp/）などで可能な限りお知らせいたしますが、すべての情報の即時掲載および確実な解決をお約束することはできかねます。また本書の運用により生じる、直接的、または間接的な損害について、著者および弊社では一切の責任を負いかねます。あらかじめご理解、ご了承ください。
- 本書の内容に関するご質問については、該当するページや質問の内容をインプレスブックスのお問い合わせフォームより入力してください。電話やFAXなどのご質問には対応しておりません。なお、インプレスブックス（https://book.impress.co.jp/）では、本書を含めインプレスの出版物に関するサポート情報などを提供しております。そちらもご覧ください。
- 本書発行後に仕様が変更されたハードウェア、ソフトウェア、サービスの内容などに関するご質問にはお答えできない場合があります。該当書籍の奥付に記載されている初版発行日から3年が経過した場合、もしくは該当書籍で紹介している製品やサービスについて提供会社によるサポートが終了した場合は、ご質問にお答えしかねる場合があります。また、以下のご質問にはお答えできませんのでご了承ください。
  - ・書籍に掲載している手順以外のご質問
  - ・ハードウェア、ソフトウェア、サービス自体の不具合に関するご質問

操作解説の動画と、プログラムの完成見本について

本書で解説している操作を動画で確認できます。また、完成したプログラムの見本を画像で確認できます。各項目に掲載してあるQRコードをスマートフォンなどで読み取るか、QRコードの下に記載しているURLにアクセスしてご参照ください。

https://dekiru.net/tsd_scr3

本書の前提

本書では、「Windows 10」がインストールされているパソコンで、インターネットに常時接続されている環境を前提に画面を再現しています。そのほかの環境の場合、一部画面や操作が異なることもありますが、基本的に同じ要領で進めることができます。

「できる」「できるシリーズ」は、株式会社インプレスの登録商標です。
Scratchは、MITメディア・ラボのLifelong Kindergartenグループによって開発されました。
詳しくは、https://scratch.mit.edu をご参照ください。
Scratch is developed by the Lifelong Kindergarten Group at the MIT Media Lab. See https://scratch.mit.edu .
Microsoft、Windows 10は、米国Microsoft Corporationの米国およびその他の国における登録商標または商標です。
そのほか、本書に記載されている会社名、製品名、サービス名は、一般に各開発メーカーおよびサービス提供元の登録商標または商標です。
なお、本文中には™および®マークは明記していません。

まえがき

🟠 スクラッチをはじめるみんなへ！

プログラミングの世界へようこそ！ この本を使っていろいろなプログラムを作ってみましょう。自分で作ったプログラムが動くと、どんどん楽しい世界が広がっていきます。

楽しいプログラムの世界ですが、思ったように動かないこともあります。それでも失敗を恐れず、自分で手を動かして試してみてください。試しながら間違いを自分で見つけて動かすことができたときには、大きな喜びが待っています。

それを何度も繰り返すことでどんどん自分でできることが増えていきます。ぜひできることを増やして、本には書いていない機能を追加するなど、自分だけのプログラムを作れるように楽しんでください。

🟢 保護者の皆様へ

いまやコンピューターのない世界は考えられません。世界中で初等教育にコンピューターサイエンスの学習を導入しており、コンピューターでできることや仕組み理解することは必須スキルとなってきています。そしてコンピューターを理解するには、その裏側で動いているプログラムの理解が欠かせず、それにはプログラムを作ることが近道です。スクラッチはブロックを並べるだけでプログラムを作れるので、子どもでも簡単にプログラミングの世界に入っていけます。スクラッチで基本的なプログラムの考え方を理解しておけば、あとから本格的なプログラミング言語を学習したくなったときに、スムーズに取り組めます。

本書は1日1日ステップアップしながら、楽しく学習していただけるように構成しました。章の終わりには考える課題が入っており、単に手順通りに作るだけでなく、自分で考える要素を入れることで理解を深められるように工夫しています。

私が立ち上げたプログラミング教室では、毎日子どもたちが楽しくプログラミングをしています。教室で学習する場合はいろいろな意見を周りからもらうことで成長していけるのですが、本だけだとその部分が弱くなります。ぜひ保護者の方には、お子様の作った作品を見ていただき、意見をいっていただくのがよいと思います。この本が皆様のコンピューターへの興味を持つきっかけになれば幸いです。

最後にこの本を出版する機会をいただいた、できるビジネス編集部副編集長の田淵豪様、徳田悟様をはじめ、関係者の皆様には大変お世話になりました。この場を借りてお礼申し上げます。

2019年9月　小林　真輔

パソコンの基本的な使い方

スクラッチを使うには、パソコンやタブレットで文字を入力したり、マウスを操作したりする必要があります。まずはパソコンのキーボードとマウスの機能を覚えましょう。

○スクラッチで使うキーを覚える

スクラッチでは、アルファベットや数字（まとめて「英数字」といいます）のほか、ローマ字で日本語を入力する場合があります。文字を入力するときはキーボードを使います。英数字と日本語は、「半角／全角　漢字」と書かれたキーを押すと切り替わります。ためしに押してみましょう。パソコンの画面右下にある入力モードの表示が「あ」「A」のように切り替わります。この表示が「あ」のときがローマ字、「A」のときが英数字の入力モードになります。

①［半角/全角］キー（半角/全角）
アルファベットと日本語を切り替えます。

押すたびに、画面右下の「A」（アルファベット）や「あ」（日本語）が切り替わる

②数字キー（1〜0）
数字を入力するときに押します。

③［Backspace］キー（Back space）
1つ前の文字や選んだ文字を消します。入力をまちがえたときに使います。

④［Enter］キー（Enter）
日本語入力のときに、入力を確定します。

⑤矢印キー（↑↓←→）
矢印の方向に移動します。

⑥スペースキー（Space）
空白を入力します。ひらがなを打っているときに押すと、漢字やカタカナに変わります。これを「変換」といいます。

スクラッチで使うのは、おもに半角数字だから、［半角/全角］キーの使い方を覚えておこう。あとはキャラクターを動かすときに矢印キーやスペースキーを使うよ。

◯マウスの操作を覚える

マウスはパソコンを操作するための道具です。机の上でマウスを動かすと、パソコンの画面上にある矢印（ ）も一緒に動きます。この矢印（「==マウスポインター==」といいます）を画面上の操作したいものの上に移動して、マウスのボタンを押すことでパソコンを操作します。スクラッチでは、「==クリック==」「==右クリック==」「==ドラッグ==」を使います。ノートパソコンの場合は、トラックパッドを使ってマウスと同じように操作します。

マウスを動かす
画面の矢印も一緒に動きます。

・マウスの動き

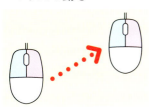

・マウスポインターの動き

クリック

マウスの左側のボタンを一度押す操作です。画面で何かを選ぶときに押します。また、2回続けてすばやくクリックすることを==ダブルクリック==といいます。

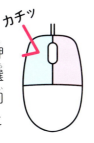

右クリック

マウスの右側のボタンを一度押します。スクラッチでは、ブロックを右クリックすると、ブロックを複製したり消したりできます。

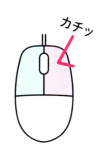

ドラッグ、ドロップ

スクラッチのブロックをクリックして、マウスのボタンを押したまま移動する操作をドラッグ、移動したところでボタンをはなしてブロックを置くのがドロップです。大事な操作なのでよく練習しましょう。

・ドラッグ

1 ブロックをクリックします
2 マウスの左ボタンを押したまま移動します

・ドロップ

3 ドラッグした位置で、マウスの左ボタンから指をはなします

> ドラッグは、「引っぱる」「引きずる」といった意味だね。そしてドロップは「落とす」という意味だよ。ドラッグとドロップは続けてやる操作だから、あわせて「==ドラッグアンドドロップ==」ということもあるよ。

もくじ

まえがき ・・・・・・・・・・・・・・・・・・・・・・・・・・ 3

はじめに－ スクラッチを使う準備をしよう ・・・・・・ 7

0-1	スクラッチの画面を開こう ・・・・・・・・・ 9
0-2	スクラッチのアカウントを作ろう ・・・・・・ 10
0-3	スクラッチを使う準備をしよう ・・・・・・ 13

1日目 － キャラクターを動かそう ・・・・・・・ 15

1-1	キャラクターを動かそう ・・・・・・・ 17
1-2	真ん中から右に動かそう ・・・・・・ 21
1-3	見た目を変えてみよう ・・・・・・・ 25

2日目 － 図形を描こう ・・・・・・・・・・・ 29

2-1	図形を描く準備をしよう ・・・・・・ 31
2-2	円を描くプログラムを作ろう ・・・・・・ 32
2-3	ペンで正方形を描いてみよう ・・・・・・ 38

3日目 － 恐竜をつかまえよう ・・・・・・・・・ 41

| 3-1 | 現れて消える恐竜を作る ・・・・・・・ 43 |
| 3-2 | 恐竜をつかまえた数を数えよう ・・・・・・ 49 |

4日目 － りんごゲットゲームを作ろう① ・・・・ 53

4-1	ねこをキーで動かしてみよう ・・・・・・ 55
4-2	りんごをいろんな場所に出す ・・・・・・ 59
4-3	りんごのゲットで点を入れる ・・・・・・ 61

5日目 － りんごゲットゲームを作ろう② ・・・・ 65

| 5-1 | 重力の動きを作ろう ・・・・・・・・ 67 |
| 5-2 | ネコをジャンプさせてみよう ・・・・・・ 72 |

6日目 － インベーダーゲームを作ろう① ・・・・・ 77

6-1	オリジナルキャラを描こう ・・・・・・ 79
6-2	敵キャラの動きを作ろう ・・・・・・ 84
6-3	弾と自機の動きを作ろう ・・・・・・・ 87

7日目 － インベーダーゲームを作ろう② ・・・・・ 93

7-1	効果音を追加してみよう ・・・・・・ 95
7-2	敵キャラに弾を撃たせよう ・・・・・・ 97
7-3	ゲームオーバーを追加しよう ・・・・・・ 102

完成見本 ・・・・・・・・・・・・・・・・・・・・ 107

チャレンジ！のこたえ ・・・・・・・・・・・・・・・ 109

あとがき ・・・・・・・・・・・・・・・・・・・・・・ 111

はじめに

スクラッチを使う準備をしよう

はじめに学ぶこと

0-1 スクラッチの画面を開こう
スクラッチをはじめる準備をします。

0-2 スクラッチのアカウントを作ろう
スクラッチを使うためのアカウントを作ります。

0-3 スクラッチを使う準備をしよう
スクラッチを日本語に切り替えたり、サインインしたりする方法を説明します。

はじめに スクラッチを使う準備をしよう

スクラッチって何だろう？

スクラッチ（Scratch）は、==プログラミング言語==の一種なんだ。アメリカのMITメディアラボという研究所が、8才〜16才くらいの子どもがプログラミングを学べるように開発したもので、あらかじめ用意されたブロックを組み合わせることで、ゲームを作ったり音を鳴らしたりできるよ。

ブロック

あらかじめ用意されたブロックを組み合わせてプログラムを作る

ステージ

スクラッチの画面の右側にあるステージで、その場で動きを確かめられる

スクラッチはどうやって使うの？

スクラッチは、==パソコン==や==タブレット==で使うよ。この本ではパソコンで、「ブラウザ」というアプリを使ってスクラッチを利用します。パソコンの基本的な使い方は4ページで説明しているからそちらも読んでね。

それから、スクラッチはインターネットのサイトにアクセスするだけで使えるんだけど、アカウントを登録すると、作ったプログラムを保存できるようになるんだ。このあとアカウント登録のしかたを説明するので、そこはおうちの人と一緒に読んでね。

知ってるとカッコいい！キーワード

プログラミング言語 ▶ コンピューターへの命令を書くための言語。

プログラミング ▶ コンピューターへの命令を書くこと。スクラッチの場合は、書くかわりにブロックを組み合わせる。

0-1 スクラッチの画面を開こう

スクラッチは、インターネット上で動かします。インターネットにアクセスするための「ブラウザ」というアプリを立ち上げて、スクラッチのWebページを開きましょう。本書では、Windowsに最初から搭載されている「マイクロソフト エッジ」（Microsoft Edge）というブラウザを使います。

● ブラウザを起動する

画面の下にあるアイコンから [Microsoft Edge] を選びます。

1 [Microsoft Edge] をクリックします

［スタート］メニュー 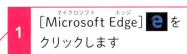 からMicrosoft Edgeを起動することもできます。

Microsoft Edgeが起動しました

2 アドレスバーに「https://scratch.mit.edu/」と入力して Enter キーを押します

スクラッチを使えるブラウザには、ほかにも「グーグルクローム」（Google Chrome）、「サファリ」（Safari）、「ファイヤーフォックス」（Firefox）などがあります。ただし、「インターネットエクスプローラー」（Internet Explorer）では使えません。

スクラッチのWebページが表示されました

> **はじめに** スクラッチを使う準備をしよう

知ってるとカッコいい！キーワード

Webページ ▶ ブラウザに表示される画面のこと。
起動 ▶ アプリケーションを使える状態にしたり、パソコンの電源を入れたりすること。

0-2 スクラッチのアカウントを作ろう

スクラッチでは、ユーザー名やメールアドレスを登録することで自分の<mark>アカウント</mark>を作れます。アカウントとは会員登録のようなもので、アカウントを作れば自分で作ったプログラムを保存できるようになります。アカウントはおうちの人と一緒に作りましょう。

● ユーザー名とパスワードを入力する

最初に<mark>ユーザー名</mark>と<mark>パスワード</mark>を決めます。アルファベットや数字を組み合わせて8文字くらいで考えてみましょう。ユーザー名はほかの人と同じものはつけられません。また、パスワードは合言葉なので、家族以外の人に知られないようにしてください。

1 スクラッチのWebページの右上にある[Scratchに参加しよう]をクリックします

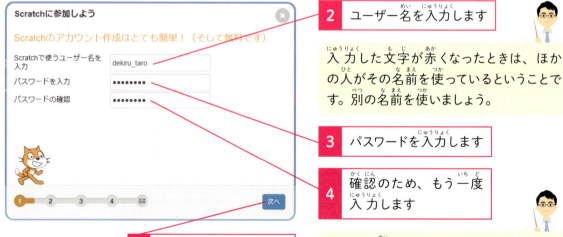

2 ユーザー名を入力します

入力した文字が赤くなったときは、ほかの人がその名前を使っているということです。別の名前を使いましょう。

3 パスワードを入力します

4 確認のため、もう一度入力します

5 [次へ]をクリックします

ユーザー名とパスワードは、スクラッチを使う(サインインする)のに必要なので、忘れないように注意しましょう。メモしておくのも1つの手です。

知ってるとカッコいい!キーワード

アカウント▶ コンピューターを利用できる権利。ここではスクラッチを利用できる権利のこと。スクラッチに会員登録するようなイメージ。

入力▶ パソコンにキーボードで文字や数字を打ったり、マウスでボタンを押したりする操作のこと。

はじめに スクラッチを使う準備をしよう

◯ 生まれた月と年、性別、国を入力する

ユーザー名とパスワードを決めたら、次は自分のプロフィール情報（自分を紹介する情報）を入力します。生まれた月と年、性別、国を記入欄に沿って入力していきましょう。

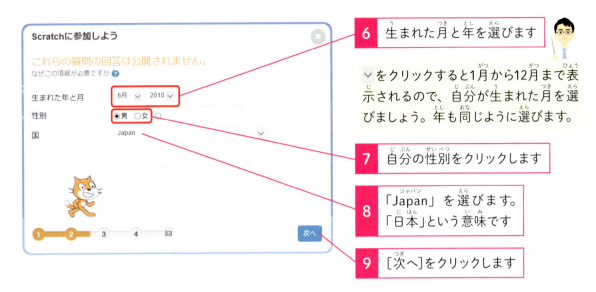

6 生まれた月と年を選びます

∨をクリックすると1月から12月まで表示されるので、自分が生まれた月を選びましょう。年も同じように選びます。

7 自分の性別をクリックします

8 「Japan」を選びます。「日本」という意味です

9 ［次へ］をクリックします

◯ メールアドレスを入力する

最後に<mark>メールアドレス</mark>を入力します。自分のメールアドレスがないときは、おうちの人に借りましょう。ここで入力したメールアドレスに確認用のメールが届くので、そのメールから「認証」という操作をすればアカウントの登録は完了です。ここまでくれば、スクラッチを楽しむため準備はもう少しなのでがんばりましょう。

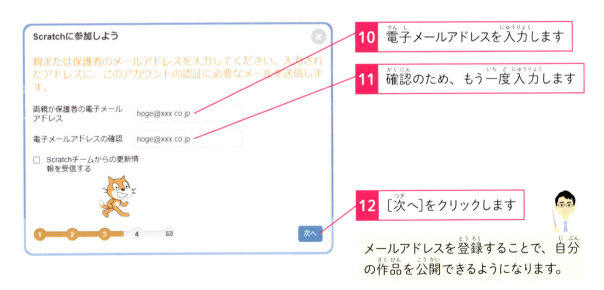

10 電子メールアドレスを入力します

11 確認のため、もう一度入力します

12 ［次へ］をクリックします

メールアドレスを登録することで、自分の作品を公開できるようになります。

はじめに　スクラッチを使う準備をしよう

ユーザー名 ▶ 利用者（ユーザー）の名前。ここではスクラッチの中で使う自分の名前のこと。

電子メール ▶ インターネット上でやりとりする手紙のようなもの。電子メールを送る宛先のことを電子メールアドレスという。

できる　11

13 [さあ、はじめよう!]を
クリックします

画面右上に、手順②で入力したユーザー名が表示されていることを確認します

ユーザー名の部分に[サインイン]と表示されている場合は[サインイン]をクリックして、ユーザー名とパスワードを入力し、[サインイン]ボタンをクリックしてください。

はじめに　スクラッチを使う準備をしよう

◯ メールで認証する

さきほど入力したメールアドレスに、確認用のメールが届いているので、そのメールから「認証」という操作をすればアカウントの登録は完了です。おうちの人が使っているメールアプリの受信トレイに「no-reply@scratch.mit.edu」というアドレスからメールが届いているはずです。メールを確認してもらいましょう。

14 届いたメールにある[電子メールアドレスの認証]をクリックします

「Scratchへようこそ!」という画面が表示されたら、認証は完了です

知ってるとカッコいい!キーワード　認証▶入力されたアカウント情報が、登録された情報と同じであると確認すること。本人確認のこと。

0-3 スクラッチを使う準備をしよう

スクラッチは、最初は英語になっています。使いやすいように、日本語に切り替えましょう。また、次のページではサインインのしかたも説明します。

⭕ 日本語に切り替える

スクラッチはさまざまな国の言葉に対応しています。プログラムを作る画面は、最初は英語になっているので日本語にしておきましょう。

1 [作る]をクリックします

2 地球のマーク🌐をクリックします

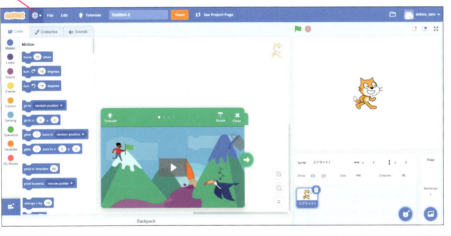

この画面で、プログラミングをします。くわしい使い方は17ページから説明しています。

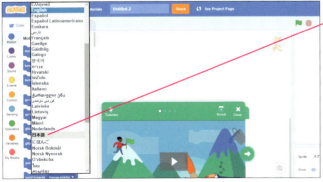

3 [日本語]をクリックします

ひらがなの[にほんご]を選ぶと、表示がひらがなになります。この切り替えはいつでもできるので、使いやすいほうを選びましょう。

知ってるとカッコいい！キーワード　**サインイン**▶ユーザー名とパスワードを入力して、サービスを使える状態にすること。

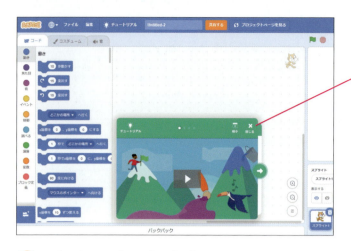

画面が日本語になりました

4 [閉じる]をクリックします

手順④で閉じたのは、チュートリアルの動画(説明用の動画)です。チュートリアル動画では、スクラッチの使い方などをざっと紹介しています。あとから見たい場合は、画面上の[チュートリアル]をクリックして選びましょう。

はじめに スクラッチを使う準備をしよう

○ サインインしよう

スクラッチの画面を閉じてしまったら、もう一度ブラウザで「https://scratch.mit.edu/」にアクセスして、サインインしましょう。

1 9ページの手順②と同じようにして、スクラッチの画面を開きます

2 [サインイン]をクリックします

3 [ユーザー名]を入力します

4 [パスワード]を入力します

5 [サインイン]をクリックします

これで[Scratchへようこそ!]の画面が表示されます

スクラッチは、サインインしなくても使えるよ。でもサインインしておけば、作ったプログラムを保存できるようになって便利なんだ。

14 できる

1日目

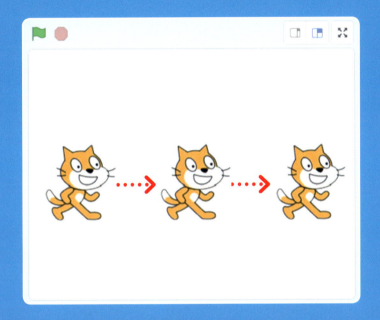

キャラクターを動かそう

1日目に学ぶこと

1-1 キャラクターを動かそう
プログラムの作り方を学びます。

1-2 真ん中から右に動かそう
スタート地点を決める「座標」について学びます。

1-3 見た目を変えてみよう
コンピューターにおける色の表現方法について学びます。

1日目にやること プログラムでキャラクターを動かそう

プログラムって何ですか？

むずかしく考えなくて大丈夫。たとえばキャラクターを動かすプログラムなら、自分がキャラクターになってどこかへ遊びに行くつもりで考えてみよう。その場合、まずは行き先を決めて、どの道を通っていくかを考えるよね。ひょっとしたら「3時になったら行く」と友だちと約束するかもしれない。こうやって考えると、「ある場所に行く」という行動は下の図のように分けられるよ。このように==「動き」を1つ1つ決めて順番に組み立てることが「プログラムをする」ということ==なんだ。

スタート地点を決める	→	ゴール地点を決める	→	道を決める	→	きっかけを決める	→	出発！
「家から出発」		「公園に行く」		「まっすぐ行く」		「3時になったら」		

キャラクターを動かすにはどうするの？

1つ1つの「動き」をコンピューターに命令すると、コンピューターはそのとおりに動作するんだけど、動くにはきっかけが必要。たとえば「約束の時間になったら」というのがきっかけだね。この==きっかけのことをプログラムでは「イベント」というよ==。イベントには「パソコンのキーを押したら」や「画面のボタンを押したら」など、さまざまな種類があるよ。

イベント＝きっかけ　　**命令＝指示した動き**　　**結果**

Spaceキーを押す　→　ねこを10歩進ませる　　ねこが10歩前に進む

知ってるとカッコいい！キーワード
- 命令 ▶ コンピューターに「10歩動け」などと指示すること。「コマンド」と呼ばれることもある。
- イベント ▶ プログラムが動くきっかけとなる合図のこと。

16

1-1 キャラクターを動かそう

スクラッチでは、あらかじめねこのキャラクターが使えるようになっています。ここではねこのキャラクターを、いまいる場所から右方向に動かしてみましょう。

○ プログラムを作る画面を開く

スクラッチにサインインをしたら、プログラムを作る画面を開きましょう。

1 スクラッチの画面を開きます

2 画面の左上にある[作る]をクリックします

▶（実行）プログラムを動かす ●（停止）プログラムを止める

プログラムを作る画面が表示されました

スクラッチの画面の表示方法は、9ページを参考にしてください。

1日目 キャラクターを動かそう

○ 動き出すきっかけを決める

まずは、動き出すためのきっかけである「イベント」を決めましょう。徒競走でスタートするときに「よーいどん！」というかけ声やピストルを鳴らすのと同じです。ここでは[▶が押されたとき]を合図にします。

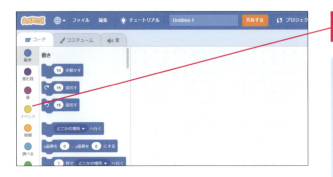

1 [イベント]をクリックします

スクラッチでは、ブロックを選びやすいように、左端のところで「動き」「見た目」「イベント」といった役割ごとに分けられています。まずはここからブロックの分類を選び、その中から使いたいブロックを選んで組み合わせていくのがスクラッチの基本です。

青色の[動き]ブロックから、黄色の[イベント]ブロックに切り替わりました

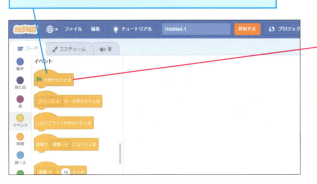

2 [▶が押されたとき]にマウスポインターを合わせます

マウスポインターの形がブロックに合わせたときと、クリックしたときとで、🖐から✊に変わります。

3 [▶が押されたとき]をドラッグして、右側の枠でドロップします

間違えてほかのブロックを置いてしまったときや、必要ないブロックがあるときは、そのブロックをドラッグして、左側のブロックの一覧がある枠でドロップすれば消せます。

 ブロックの形が違うのはなぜ？

ブロックをよく見ると、左上がへこんだものと、帽子のように丸くなったものの2種類があることに気づきます。丸くなったものは「ハットブロック」といって、プログラム全体のいちばん上に来るブロックを表します。

左上が丸くなった形

左上がへこんだ形

○ 右に100歩動かす

合図が決まったら、今度はキャラクターを動かす準備をしましょう。キャラクターを動かすには［10歩動かす］という「動き」のブロックを使います。

4 ［動き］をクリックします

黄色の［イベント］ブロックから、青色の［動き］ブロックに切り替わります

5 ［10歩動かす］を[🚩が押されたとき]の下までドラッグします

グレーの影がでた場所で指をはなすと、ブロック同士がピタッとつながります。

6 ブロックをここにドロップします

［🚩が押されたとき］と［10歩動かす］のブロック同士がつながりました

次は［10歩動かす］の数字を「10」から「100」に変えます。数字をクリックして、数字の部分に色がついたら数字を入力できます。

7 「10」をクリックします

「10」の部分がうすい水色になったことを確認します

8 「100」と入力します

ここまでできたら、一度 🚩 をクリックしてみよう！ 右側に動いたら、正しくプログラムを作れているよ。どうかな？

10 🚩 をクリックします

ねこが動いたか確認します

1日目 キャラクターを動かそう

私のはちゃんと動いたわ！

あれ？ 僕のは動かないよ！ 同じように作ったのにどうして？

よく見て！ 入力してある数字の大きさが少し違うね。これは<mark>全角文字と半角文字</mark>の違いなんだ。スクラッチでは半角文字しか数字を正しく読みとらないので、これだと動かないんだ。このあとも数字を入力するときは、全角文字にしないように注意しましょう！

半角/全角 キーを押して、入力モードが **A** になっているのを確認してから、入力すればよいのね。

半角文字にしたら、僕のもちゃんと動きました！

覚えておこう！
- まずはスタートの合図（イベント）を決める
- 次に、どんな動きをするのか決める
- 上手く動かないときは何か間違ってないか考えてみる

1-2 真ん中から右に動かそう

1-1のプログラムは、🚩を押すとねこがいまいる場所から右に動きました。次は、どの場所にねこがいても、いったん画面の真ん中に戻ってから右に動くようにプログラムを作りましょう。

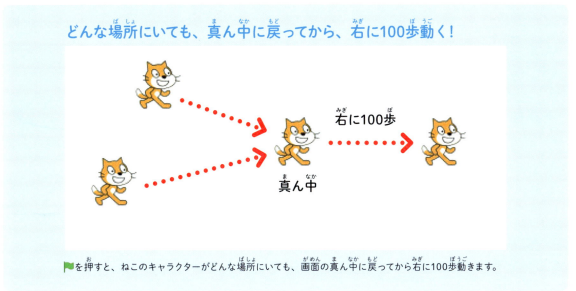

🚩を押すと、ねこのキャラクターがどんな場所にいても、画面の真ん中に戻ってから右に100歩動きます。

○ スタート地点を決める

まずはスタート地点を画面の真ん中にしましょう。スクラッチでは、画面上の位置を「座標」で表します。座標とは、横の位置と縦の位置を数字で表したものです。画面の真ん中が「横0、縦0」で、そこから右に1歩動かすと「横1、縦0」、そこからさらに上に1歩動かすと「横1、縦1」のように、動いた歩数に応じて座標の数字が変わります。スクラッチでは、横を「x座標」、縦を「y座標」と呼びます。そのため、画面の真ん中は「x座標が0、y座標が0」の位置になります。🚩が押されたらこの位置になるようにしましょう。

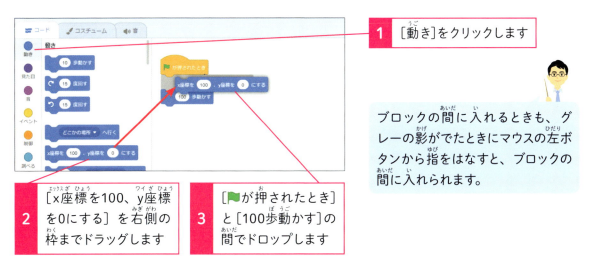

1　[動き]をクリックします

2　[x座標を100、y座標を0にする]を右側の枠までドラッグします

3　[🚩が押されたとき]と[100歩動かす]の間でドロップします

ブロックの間に入れるときも、グレーの影がでたときにマウスの左ボタンから指をはなすと、ブロックの間に入れられます。

[x座標を100、y座標を0にする]が[▶が押されたとき]と[100歩動かす]のブロックの間に入りました

4 「100」をクリックします

5 「0」と入力します

これで▶が押されたらキャラクターが画面の真ん中に戻ります。

◯ 1秒待ってから動くようにする

この段階で▶を押すと、キャラクターが瞬間移動してしまい、画面の真ん中に戻ったことが見えません。せっかくなので、真ん中に戻ったら1秒待ってから右に動くようにしてみましょう。

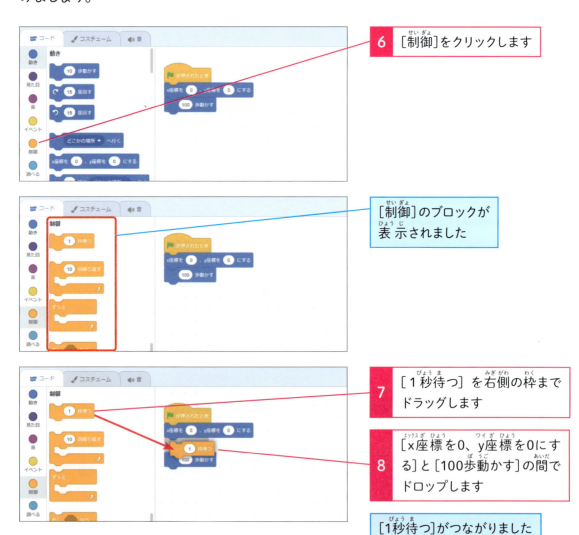

6 [制御]をクリックします

[制御]のブロックが表示されました

7 [1秒待つ]を右側の枠までドラッグします

8 [x座標を0、y座標を0にする]と[100歩動かす]の間でドロップします

[1秒待つ]がつながりました

1日目 キャラクターを動かそう

知ってるとカッコいい!キーワード
制御 ▶ 待たせたり、繰り返したり、条件をつけたりといった、「動き」をコントロールする命令のこと。

22

ここまでできたら、一度 🚩 をクリックしてみよう！真ん中でしばらく待ったあとに右に動いたら、正しくプログラムを作れているよ。どうだろう、ちゃんと作れているかな？

9 🚩 をクリックします　　　　　ねこが動いたか確認します

うん、しばらくしてから動いたわ！

ぼくのは右に瞬間移動しちゃった……

よく見てみると「1秒待つ」のブロックが一番下になってしまっているよ。コンピューターは命令を実行したら、すぐ次の命令の動作に移ってしまう。この場合は画面の中心にいたねこがすぐに右に動いてしまうので、結果的に動いているように見えないんだ。そのため、「待つ」という命令を入れてから、次の命令を実行する必要があるんだよ。

○ つなげる場所を間違えたブロックのはずし方

1 つなげる場所を間違えたブロックをドラッグします

2 空いている場所でドロップします

間違えたブロックがはずれます

先生！座標についてもう少し教えて欲しいです。

スクラッチでキャラクターの位置を表すのが座標で、横の位置をx、縦の位置をyとして、xとyに数字を入れて表すんだ。スクラッチの画面に座標を入れてみたから、下の図を確認してみて。真ん中はxもyも0で、xの数字が増えていくと右方向、減っていくと左方向、yの数字が増えていくと上方向、減っていくと下方向に動いていくよ。

1日目 キャラクターを動かそう

0より小さい数にはマイナス（−）がつくのですね。xが−240から240、yが−180から180になっていますね。でも、座標もマイナスも、ちょっとむずかしいです！

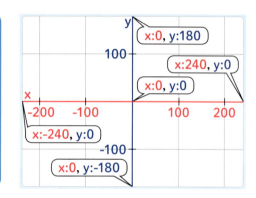

はじめはむずかしいと思うけど、いろいろ自分で試しているうちに慣れていくよ。−（マイナス）は、反対の方向になるという意味で覚えておくとわかりやすいと思うよ。

習うより慣れろっていうやつですね！
お母さんと一緒に料理をするときもよくいわれます。

たしかにゲームをしているときも、いろいろやっているうちに、いつの間にか使い方やルールを覚えてるよね！

覚えておこう！
- □ スクラッチではキャラクターの位置を座標で表している
- □ xが横方向（左右）、yが縦方向（上下）の位置を表している
- □ xの数字が増えていくと右、減っていくと左に動く
- □ yの数字が増えていくと上、減っていくと下に動く

1-3 見た目を変えてみよう

今度は、見た目を切り替えるプログラムを作ってみましょう。スクラッチでは、見た目を切り替えるブロックを使って、キャラクターの色を変えられるよ。

ねこのキャラクターの色が変わっていく！

Space キーを押すたびに、ねこのキャラクターの色がどんどん変わっていきます。

○ 作ったプログラムを保存する

新しくプログラムを作る前に、作ったプログラムを保存しておきましょう。画面左上の[ファイル]から保存ができ、右上の📁（フォルダ）から「私の作品」として確認できます。

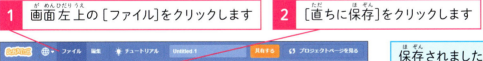

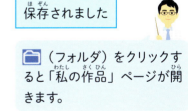

保存されました

📁（フォルダ）をクリックすると「私の作品」ページが開きます。

○ 新しくプログラムを作るページを開く

作ったプログラムを保存できたら、画面左上の[ファイル]から[新規]をクリックして、新しくプログラムを作るページを開きましょう。

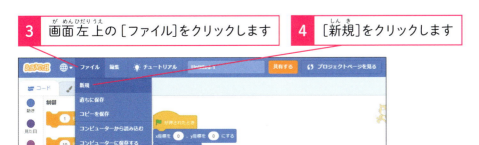

○ イベントを選ぶ

キャラクターの色を変えるプログラムを作っていきましょう。今回はパソコンのスペースキー（Space）を押すたびに、色が変わるようにします。キャラクターを動かすときと同じく、動きのきっかけから決めていきます。

5 ［イベント］をクリックします

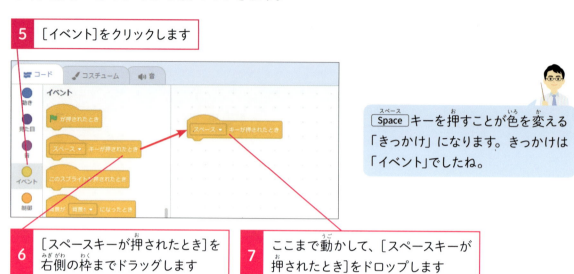

Spaceキーを押すことが色を変える「きっかけ」になります。きっかけは「イベント」でしたね。

6 ［スペースキーが押されたとき］を右側の枠までドラッグします

7 ここまで動かして、［スペースキーが押されたとき］をドロップします

○ 色を変える

プログラムが動くきっかけを決めたら、キャラクターの色を変えるプログラムを作っていきましょう。色を変えるブロックは「見た目」の中にあります。ここでは［色の効果を25ずつ変える］というブロックを使います。

8 ［見た目］をクリックします

9 この部分を下にドラッグします

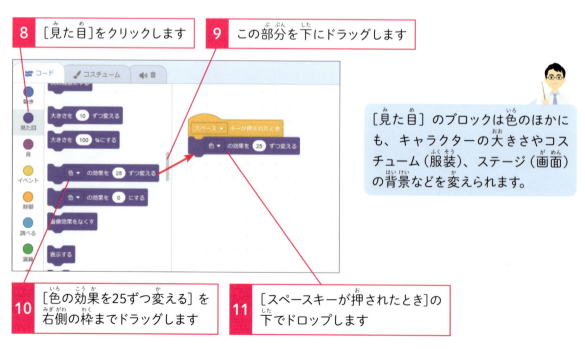

［見た目］のブロックは色のほかにも、キャラクターの大きさやコスチューム（服装）、ステージ（画面）の背景などを変えられます。

10 ［色の効果を25ずつ変える］を右側の枠までドラッグします

11 ［スペースキーが押されたとき］の下でドロップします

ここまでできたら Space キーを押してみましょう！ 押すたびにねこの色が変わっていくのがわかりますよ。Space キーがどこかわからなくなったら、4ページで確認してくださいね。

Space キーを押したままにしているとすごいよ！
キラキラして見えておもしろいね！

ところで、色の効果を25ずつ変えるってどういう意味なの？

コンピューターではいろいろなものを数値で表現しているんだ。色も同じように数値が割り当てられているよ。スクラッチでは、色、鮮やかさ、明るさの3つの要素の割合で表されるんだ。絵の具を混ぜ合わせるときを思い出してみるとわかりやすいと思うよ。混ぜ合わせる絵の具の量を変えると、できあがる絵の具の色も変わるよね。

［色の効果を25ずつ変える］の数字を小さくしたら、色の変化も少しずつに変わったよ！

 → → → → →

- コンピューターはいろいろなものを数値で表現している
- 色も数値で表現されている
- 色の効果の数字を小さくすると、色の変化も少しずつになる

チャレンジ！
効果を加えてみましょう。

①「渦巻き」の効果が現れるようにしてみよう

Spaceキーを押すと、少しずつねこに渦巻の効果が表れるようにしてみましょう。

ヒント：
[色の効果を25ずつ変える]の[色]の部分を変えて使ってみよう

②「渦巻き」を「右回り」にしよう

①では左回りに渦巻きの効果が表れました。これを右回りにしてみましょう。

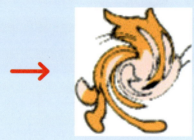

ヒント：
反対の方向に動かすときと同じだよ

③動きながら「渦巻き」が現れるようにしてみよう

Spaceキーで、右に10歩ずつ移動する動作と組み合わせてみましょう。

ヒント：
[見た目]と[動き]のブロックを使うよ

解答は109ページにあるよ。参考にしてね！

2日目

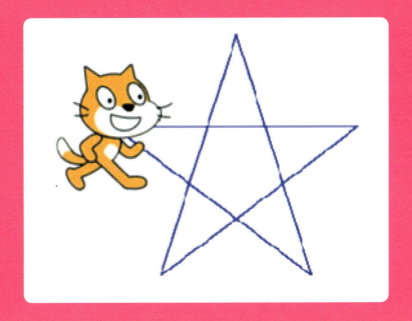

図形を描こう

2日目に学ぶこと

2-1 図形を描く準備をしよう
「ペン」の機能を追加する方法を学びましょう。

2-2 円を描くプログラムを作ろう
「繰り返し処理」について学びます。

2-3 ペンで正方形を描いてみよう
プログラミングに重要な「命令の順番」を学びます。

2日目にやること キャラクターに図形を描かせよう

2日目 図形を描こう

どうやってキャラクターに図形を描かせるの？

キャラクターを<mark>図形の形に動かす</mark>という動作と、その動きに合わせて<mark>線を引く</mark>動作の2つのことをやるよ。図形を描くには、移動だけでなく、キャラの向きも決めないとならないんだ。向きは角度で指定するよ。

移動する　　角度を決めて移動する
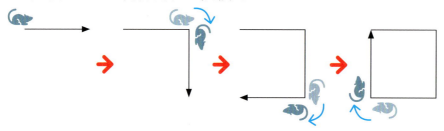

スクラッチではどうやって線を描くんですか？

スクラッチで図形を描くときは、紙に描くのと同じように「<mark>ペン</mark>」を使うよ。自分がペンを使うときどんな動作に分解できるか考えてみよう。ペンを持って、ペンを紙に下ろして、ペンを動かす。そして、終わったらペンを紙から上げるよね。これをキャラクターに指示するよ。

ペンを持つ　　ペンを下ろす　　ペンを動かす　　ペンを上げる

線を描くってだけでも、こんな動作に分解できるんですね！

2-1 図形を描く準備をしよう

プログラムを作る前に、図形を描くための<mark>ペンを追加</mark>します。

https://dekiru.net/tsd_scr3_201

ペンを追加すると、キャラクターに絵を描かせられるようになります。

○ 図形を描くための「ペン」を追加する

まずは、図形を描くために必要な「ペン」を準備しましょう。「ペン」を使うには、画面の左下にある ■ （機能拡張を追加）から追加する必要があります。

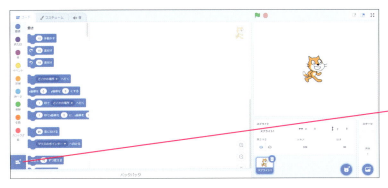

25ページの手順③〜④と同じようにして、新規の画面を開いておきます

1 ■ をクリックします

拡張機能を選ぶ画面に切り替わりました

2 ［ペン］をクリックします

プログラムを作る画面に戻りました

［ペン］に関連するブロックが追加されました

2-2 円を描くプログラムを作ろう

ペンの準備ができたら、円を描くプログラムを作っていきましょう。ペンを下ろしてからキャラクターを移動させると線が描けます。また、円を描くには、キャラクターが進む角度を少しずつ変えながら移動させます。

動画と見本
https://dekiru.net/tsd_scr3_202

2日目 図形を描こう

いまいる場所から、1周しながら円を描く！

🏁をクリックすると、キャラクターがいまいる場所から円を描きながら1周します。

○ 最初の動きを決める

まずは、動き出すきっかけを決めましょう。ここでは[🏁が押されたとき]を使います。次に、最初の状態を決めます。🏁を押したときに、かならずその状態に戻ってからスタートします。このように、最初の状態に戻すことを「初期化」といいます。今回は、ペンで描いた図形が全部消えて、キャラクターが真ん中（x座標0、y座標0）に戻ってきて、右（90度）を向いた状態にします。

1 [イベント]をクリックします

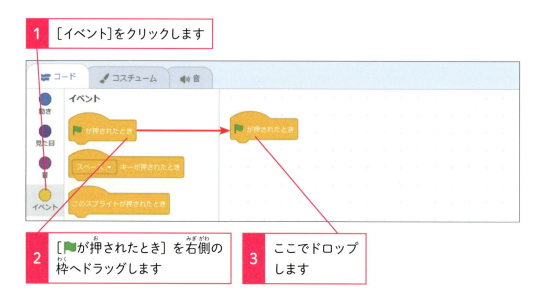

2 [🏁が押されたとき]を右側の枠へドラッグします

3 ここでドロップします

4 ［ペン］をクリックします

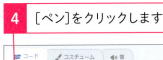

5 ［全部消す］をドラッグして、［▶が押されたとき］の下につなげます

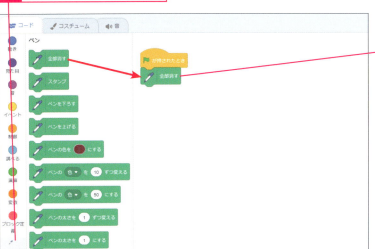

「全部消す」を置いておくことで、スタートするときにいったん線を消してから描きはじめるようになります。「初期化」ですね。

2日目 図形を描こう

6 ［動き］をクリックします

7 ［x座標を0、y座標を0にする］を［全部消す］の下につなげます

8 ［90度に向ける］を［x座標を0、y座標を0にする］の下につなげます

○ ペンを下ろす

キャラクターが円を描く動きを作ります。まずは、<mark>ペンを下ろす動作</mark>を作りましょう。

9 ［ペン］をクリックします

10 ［ペンを下ろす］を［90度に向ける］の下につなげます

できる **33**

◯ 繰り返す動きを作る

ペンを下ろしたら、線を描く動きを繰り返させます。繰り返す動きは、「制御」という種類のブロックと、「動き」のブロックを組み合わせて表します。

11 [制御]をクリックします

12 [10回繰り返す]を[ペンを下ろす]の下につなげます

制御のブロックには、その中にほかのブロックを入れ込めるようにワニの口のような形になっているものがあります。このワニの口に入れたブロックをコントロール（制御）する役割があるのです。

13 [動き]をクリックします

14 [10歩動かす]を[10回繰り返す]の中に入れます

ブロックの中にブロックを入れる場合も、ブロックを近づけてグレーになったところでドロップします。

15 [15度回す]を[10歩動かす]の下に入れます

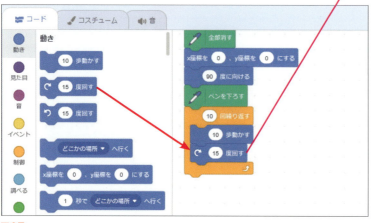

[15度回す]のブロックは、時計回りと反時計回りの2種類があります。矢印の向きを確認しましょう。

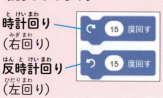

時計回り
（右回り）

反時計回り
（左回り）

34 できる

○ 線の長さと角度を決める

最後に、動きを 繰り返す回数 と、描く 線の長さ 、そして動く 角度 を決めて、最後にペンを上げれば終わりです。ここで入力する数字は、描きたい図形によって変わってきます。くわしくは次のページから説明します。

> 16　[10回繰り返す]の「10」を「72」にします

> 17　[10歩動かす]の「10」を「5」にします

> 18　[15度回す]の「15」を「5」にします

「5歩動かしたら5度向きを変えて、を72回繰り返すとできる図形はなーんだ？」と、なぞなぞみたいですね。答えは39ページで説明するので、まずはやってみましょう！

> 19　[ペン]をクリックします

> 20　[ペンを上げる]をドラッグして、一番下につなげます

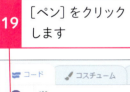

最後に「ペンを上げる」を入れるのは、上げておかないと次に動かしたときにペンが下がった状態からはじまってしまうからです。ペンを上げないでもう一度動かすと、変な線が残ってしまうことがあります。

2日目 図形を描こう

ここまでできたら 🚩 をクリックして、確認してみよう！ ねこが円を描きながら1周して戻ってきたら、ちゃんと作れているよ。

| 21 | 🚩 をクリックします |

ねこが円を描けたか確認します

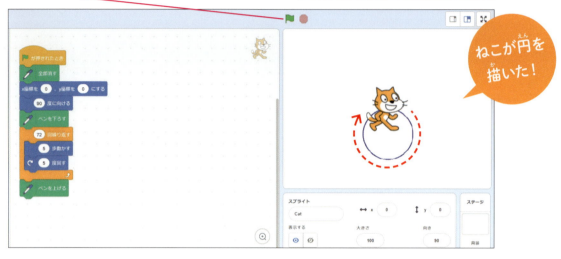

ねこが円を描いた！

ちゃんと動いた！

ぼくのはねこは動くけど線を描いてくれないよ！

よく見て！ ねこが動きだす前にペンを上げるという順番になっているよ。ペンを下ろしたあとにねこが動かないと線は描けないよ。

やっぱり動作の順番は大事ね。

今回はうまくできたと思ったのにな〜……次こそは！

最後にあるべきの[ペンを上げる]が[ペンを下ろす]の次にある

2日目 図形を描こう

ところで、どうして「5歩動かす」、「5度回す」を「72回繰り返す」と円が描けるんですか？

いい質問だね！ そのしかけは、細かい三角形をたくさん並べて、円のように見せているんだ。少しむずかしいかもしれないけど、下の図を見てみるとわかりやすいと思うよ。

72回繰り返すというのは、この三角形が72個並んでいるということですか？ 5度回るのを72回繰り返すのだから、5×72＝360。円の1周の角度が360度ということと同じですよね？

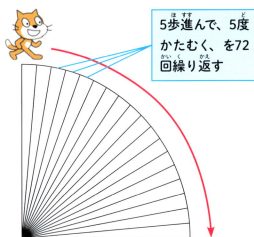

5歩進んで、5度かたむく、を72回繰り返す

そのとおり。実はこのプログラムで描いているのは、円ではなくて、「正72角形」なんだ。一辺ごとの長さが短いので円に見えているんだよ。

なるほど！ たしかに円にしか見えないわ。

次はこの円を描くプログラムを利用して、正方形を描かせてみよう。

覚えておこう！
- 命令は順番が大事。順番が違うと思ったとおりの動きにならない
- コンピュータは命令を繰り返し処理するのが得意
- 最初の状態に戻すプログラムを初期化という。初期化をしないと最初の状態に自分で戻さなければならない

2-3 ペンで正方形を描いてみよう

次は、正方形を描いてみましょう。円にくらべてかんたんな動きで正方形は描けます。

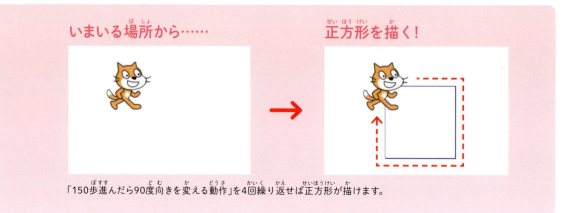

「150歩進んだら90度向きを変える動作」を4回繰り返せば正方形が描けます。

◯ プログラムを書き換えて正方形を描く

さっき作った円を描くプログラムの数字を書き換えて、正方形を描いてみましょう。正方形は辺の数が4つなので、「進む」と「向きを変える」という動作を4回繰り返せば描けます。

1 「72」を「4」に変えます
2 「5」を「150」に変えます
3 「5」を「90」に変えます

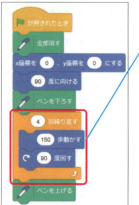

入力した数字や文字を変えたいときは、数字をクリックして選択されたときに入力しなおすのでしたね。入力した文字を消すときは、点滅している「|」を消したい文字のうしろに移動して Back space キーを押します。

繰り返し回数が「4」、歩が「150」、向きが「90」になったことを確認します

できたら 🚩 をクリックして、確認してみましょう。ねこが正方形を描きながらもとに場所に戻ってきたら、ちゃんと作れているよ。

4 🚩 をクリックします　　　ねこが正方形を描けたか確認します

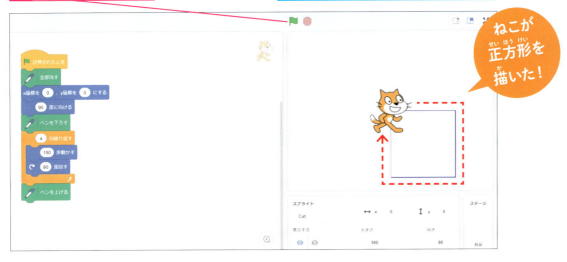

ねこが正方形を描いた！

2日目　図形を描こう

ちゃんと動いた！

よし！ 今度は動きました！

正方形と同じように、進む回数と回る角度を変えるだけでも、<mark>いろいろな図形を描くことができるよ</mark>。ちなみに「150歩動かす」と「90度回す」の順番を逆にしたらどうなると思う？ 気になったら試してみてね。

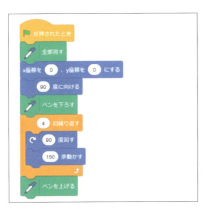

先に90度回ってから動くわけだから……

最初に下向きの線が引かれるっていうことかな？

覚えておこう！
○ 描きたい図形をどうやれば描けるか（線を引くのを何回繰り返して、どの角度で曲がればいいか）、あらかじめ考えてからプログラミングする

チャレンジ！
［○歩動かす］と［○度回す］を使って一筆書きで図形を描いてみよう。

①一筆書きで正三角形を描いてみよう
正三角形の内側の角は1つ何度かな？　また、キャラがどのように角を曲がるか考えてみましょう。

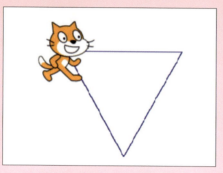

ヒント：
開始座標：x = 0、y = 0
歩数：200
繰り返し数：3
三角形の角度を全部足すと180度になります。

②一筆書きで星型を描いてみよう
真ん中の正五角形の角度から外側の星の頂点の角度を求めます。

ヒント：
正五角形の1つの角度は108度です。
開始座標：x = 0、y = 0
歩数：200
繰り返し数：5

③一筆書きで下の図を描いてみよう
左の正三角形の、下の頂点から上向きにスタートします。三角形ごとに向きを変えて、繰り返すのがポイントです。

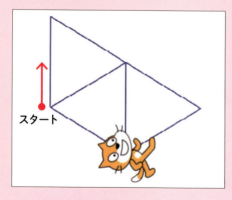

ヒント：
開始座標：x = -100、y = 0
最初の向き：0
歩数：150

解答は109ページにあるよ。参考にしてね！

3日目

恐竜をつかまえよう

3日目に学ぶこと

3-1 現れて消える恐竜を作る
不規則な動きを作るための機能である「乱数」について学びます。

3-2 恐竜をつかまえた数を数えよう
数値を数えていくときなどに使う「変数」について学びます。

3日目にやること　恐竜をつかまえるゲームを作ろう

3日目　恐竜をつかまえよう

> 恐竜をいろいろな場所に出すにはどうするの？

ここで作るのは、恐竜がいろいろな場所に現れたり隠れたりして、それをクリックしてつかまえるというゲームだよ。これを実現するには、まず現れたり隠れたり、という動きを繰り返さないとならないね。そしていろいろな場所に現れるというのがポイントで、これには==「乱数」という「毎回違う値が出る数字」==を使うんだ。この乱数を、これまでに学んだ座標と組み合わせてゲームを作るよ。

　　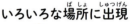

 　＋　

> つかまえるのはどうやるの？

現れたり消えたりしただけではゲームにならないから、クリックしてつかまえると点数が入るようにするよ。くわしくいうと、「恐竜をクリックする」というのを合図に、1ずつ点数が増えるしくみを作ればよいということだね。ここではスコアという箱を作って、その中に数字を入れていくよ。この箱のことを、プログラミング言語では==「変数」==というんだ。

変数という箱に1ずつスコアがたまっていく

知ってるとカッコいい！キーワード

乱数 ▶ サイコロのように、規則性がなく予測できない数のこと。
変数 ▶ プログラミング言語で、好きな数字や文字を入れておける箱のようなもの。

3-1 現れて消える恐竜を作る

まずは、恐竜のキャラクターがいろんな場所に現れては消えるという動きを繰り返すプログラムを作っていきましょう。

恐竜が消えたあと、いろんな場所に現れる

🏁 をクリックすると、恐竜がいろんな場所に現れては消え、現れては消えを繰り返します。

3日目 恐竜をつかまえよう

◯ 背景を変える

最初に、ゲームの背景をジャングルの絵に変えましょう。スクラッチにはたくさんの背景が用意されていて、簡単に変更できるようになっています。

25ページの手順③〜④と同じようにして、新規の画面を開いておきます。

1 ［背景を選ぶ］をクリックします

［背景を選ぶ］画面に切り替わりました

2 ［屋外］をクリックします

使いたい背景の雰囲気に合うジャンルを選ぶと探しやすいです。ジャングルは屋外なので、［屋外］から選びましょう。

できる 43

| 屋外の背景だけが表示されました | 3 ［Jungle］（ジャングル）をクリックします |

画面をスクロールして［Jungle］を見つけましょう。アルファベット順に並んでいます。

背景が切り替わりました

○ キャラクターを恐竜にする

背景の準備ができたら、恐竜のキャラクターを用意しましょう。画面の右下にあるねこのキャラクターを恐竜のキャラクターに切り替えます。

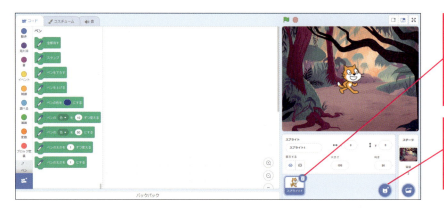

4 キャラクターの右上にあるゴミ箱マーク🗑をクリックします

5 ［スプライトを選ぶ］をクリックします

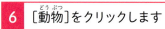

「Dinosaur」（ダイナソー）は恐竜のことですね。

3日目 恐竜をつかまえよう

○ キャラクターの大きさを変える

キャラクターが恐竜に変わりましたね。そのままでは恐竜が大きすぎるので、半分の大きさにしましょう。

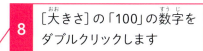
8 ［大きさ］の「100」の数字をダブルクリックします

数字の背景が水色になったことを確認します

入力されている文字をダブルクリックすると一度に選択できます。

9 「50」と入力してEnterキーを押します

恐竜が半分の大きさになりました

［大きさ］の数字は、大きさを割合で表しています。100なら100％、50なら50％ということですね。

○ 恐竜を動かす合図を決める

恐竜の動きを作っていきましょう。まずは動く合図となるイベントのブロックを置きます。

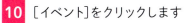
10 ［イベント］をクリックします

11 ［▶が押されたとき］をドラッグして、右側の枠にドロップします

3日目 恐竜をつかまえよう

できる 45

◯「現れて消える」動きを作る

次に、恐竜が「1秒おきに現れて消える」動きを作ります。この動きを細かく分けると、「表示する」→「1秒待つ」→「隠す」→「1秒待つ」という動きになりますね。

12 [見た目]をクリックします
13 [表示する]を[🏁が押されたとき]の下につなげます
14 [隠す]を[表示する]の下につなげます

これだけだと、🏁が押されたときに表示して消えるという動作が一瞬で行われるので、🏁を押すと恐竜は消えたままに見えます。

15 [制御]をクリックします
16 [1秒待つ]を[表示する]と[隠す]の間につなげます
17 [1秒待つ]を[隠す]の下につなげます

これで、表示したあとに1秒待って、隠して1秒待つようになります。でも隠して待ったあとのブロックがないので、やはり消えたままになります。

◯「現れて消える」動きを繰り返すようにする

このままだと恐竜が消えたままになってしまうので、現れて消えるという動きを繰り返すようにしましょう。

18 [ずっと]を[🏁が押されたとき]の下につなげます

[ずっと]のブロックには、中に入れ込まれたブロックの動きをずっと繰り返すという機能があります。ここでは[🏁が押されたとき]の下にはめ込むようにつなげるのがポイントです。

[ずっと]のブロックが、[表示する][1秒待つ][隠す][1秒待つ]を囲みました

恐竜がいろいろな場所に現れるようにする

恐竜が現れるたびに、いろいろな場所に移動するようにしてみましょう。24ページでやったように、場所は、x座標とy座標で指定するのでしたね。今回は、現れるたびに場所が変わるようにするため、==座標の数字のところを「乱数」にします。==

19 [動き]をクリックします

20 [x座標を○、y座標を○にする]を[表示する]と[1秒 待つ]の間につなげます

[表示する]のあと、場所を指定してその場所に現れるようにしています。

21 [演算]をクリックします

22 [1から10までの乱数]をドラッグします

23 [x座標を○、y座標を○にする]のx座標の数字（画面では「25」）の場所にドロップします

ブロックの左端を、入れ込みたい数字の部分に近づけると、数字部分の枠が二重になります。そのときにブロックをドロップすると、ブロックが入れ子になります。

二重になる

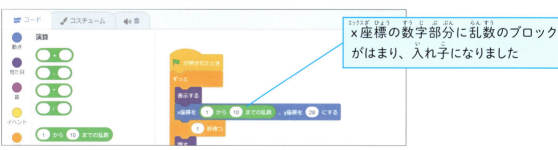

x座標の数字部分に乱数のブロックがはまり、入れ子になりました

24 同じようにして、y座標の数字の場所にも[1から10までの乱数]をドラッグします

3日目 恐竜をつかまえよう

できる **47**

| 25 | x座標の数字を「-200」と「200」に変えます | 26 | y座標の数字を「-150」と「150」に変えます |

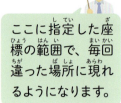

ここに指定した座標の範囲で、毎回違った場所に現れるようになります。

 ここまでできたら  をクリックして、確認してみよう！恐竜がいろいろな場所に、現れて消えてを繰り返したら成功だよ！プログラムを止めるときは ● を押そう。

 ちゃんと動いたわ！

ぼくもできた！

ちょっと待って！二人のプログラムの動きを比べてみると、少し違うところがあるね。1つは恐竜が出てきて、いったん消えてからまた違うところに出てくるけど、もう1つは恐竜が隠れないで次の場所に移動している。何か足りない「命令」があるんじゃないかな？

 よく見たら、[隠す]の次の[1秒待つ]がないよ。

 あっ。忘れてたわ！

覚えておこう！
- 乱数は無作為（意図がなく）に選んだ数のこと
- 乱数を使うことで、人間が予想できない動きを作ることができる

3日目 恐竜をつかまえよう

48

3-2 恐竜をつかまえた数を数えよう

次は、恐竜をつかまえると点数が増えるプログラムを作ってみましょう。

動画と見本
https://dekiru.net/tsd_scr3_302

いろんな場所に現れる恐竜をクリックすると、スコアの数字が増えます。

○ 点数がたまる入れ物をつくる

恐竜をクリックするとスコア（点数）がたまるようにします。==スコアは「変数」という入れ物にためていきます==。まずはスコアがたまる入れ物を作りましょう。入れ物には、何の数字が入っているかがわかりやすいように「スコア」という名前をつけます。

1 [変数]をクリックします

2 [変数を作る]をクリックします

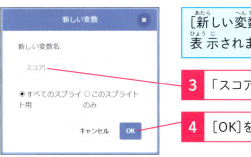

[新しい変数]画面が表示されます

3 「スコア」と入力します

4 [OK]をクリックします

「スコア」は、日本語モード（全角）にしてからキーボードで S U K O A と押して、 Space キーを押してカタカナになったら Enter キーを押します。

できる 49

○ つかまえた恐竜の数を数える

恐竜をクリックするたびに、スコアの数字が1ずつ増えるというプログラムを作ります。恐竜がクリックされたときに、スコアが1ずつ増えて、クリックされた恐竜はもう現れないようにプログラムしてみましょう。

3日目 恐竜をつかまえよう

5 [スコアを0にする]を[▶が押されたとき]の下につなげます

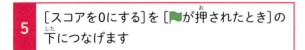

これで、▶が押されるたびにスコアが0に戻ります。初期化ですね。

6 [イベント]をクリックします

7 [このスプライトが押されたとき]をドラッグして、空いている部分にドロップします

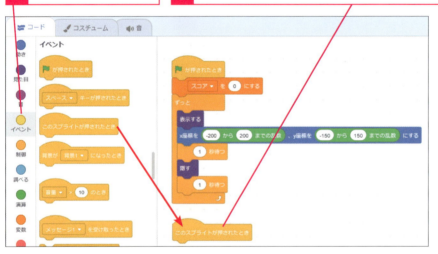

空いている部分にブロックを置けば、プログラムを追加できます。

8 [変数]をクリックします

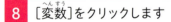

9 [スコアを1ずつ変える]を[このスプライトが押されたとき]につなげます

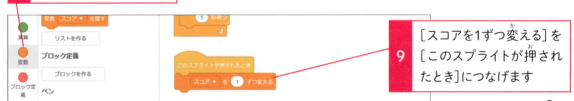

10 [見た目]にある[隠す]をドラッグして、[スコアを1ずつ変える]につなげます

[隠す]ブロックをここにつなぐことで、同じ場所で恐竜を2度押しするのを防ぎます。

50 できる

ここまでできたら、🏁を押して一度プログラムを動かしてみよう。現れた恐竜クリックするとスコアが1ずつ増えたら、ちゃんと作れているよ！

 これでゲームっぽくなったわ！

 ぼくのは恐竜が消えるとまたスコアが0に戻っちゃう！

スコアが増えない理由は君のプログラムにあるね。よく見てみよう。[スコアを0にする]ブロックの場所はどこかな？

 あ！[スコアを0にする]が[ずっと]の中にある！これじゃ「ずっとスコアを0にする」っていう指示になっちゃいますね。

ブロックをはずしたいときは、そのブロックを右の余白にドラッグします。するとそのブロックの下につながるすべてのブロックがはずれるので、二番目のブロックをさらにドラッグします。すると一番目のブロックだけが残るので、それぞれのブロックをもとの位置につなげます。

1	はずしたいブロックをドラッグ
2	二番目のブロックをドラッグ
3	正しい位置につなげます

覚えておこう！
- 変数は文字や数値などのデータを保存するしくみ
- 変数は初期化を忘れないようにする

チャレンジ!
プログラムを改造してみましょう。

①恐竜が現れるタイミングを変えてみよう

さっき作ったプログラムは、恐竜が現れるタイミングが1秒ごとでした。それだと、パターンが読めてしまってゲームが簡単です。このタイミングが1〜3秒の間で毎回変わるようにしてください。

ヒント：待つ時間に乱数を入れる

②恐竜が空を飛ばないようにしてみよう

動かしてみるとたまに恐竜が空に浮かんで出てきます。この恐竜は空を飛ばないので、真ん中から下の地面がある部分にだけ現れるようにしてみましょう。

ヒント：
真ん中の座標は「x座標：0, y座標：0」

3日目 恐竜をつかまえよう

解答は109ページにあるよ。参考にしてね！

4日目

りんごゲットゲームを作ろう①

4日目に学ぶこと

4-1 ねこをキーで動かしてみよう
プログラムの基本構造の1つ「条件分岐」について学びます。

4-2 りんごをいろいろな場所に出す
[乱数]の使い方の復習をします。

4-3 りんごのゲットで点を入れる
状況の変化を繰り返し確認する方法について学びます。

4日目にやること ねこがりんごをゲットするゲームを作ろう

4日目 りんごゲットゲームを作ろう①

キーボードでキャラクターを動かすってどうやるんだろう？

「100点とったらご褒美、とらなかったら何もなし」のように、何かをやったかどうかがその後の動きを分けることがあるよね。これを「条件分岐」というよ。今回は、キーボードを押したかどうかでキャラの動きが変わるようにプログラムするよ。

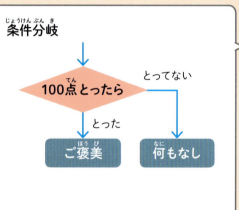

りんごをゲットするのはどうやるの？

ねこがりんごに触れたかどうかを調べて、触れた場合にりんごを隠すようにするよ。この動きは、ゲームをしている間ずっと繰り返す必要があるんだ。条件分岐と、繰り返しのブロックを使うよ。実際のプログラムでも、状態を定期的に調べるのはよく使われる方法（ポーリングというよ）なんだ。

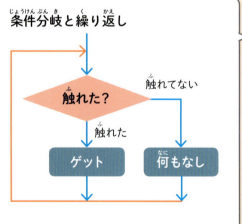

知ってるとカッコいい！キーワード
条件分岐 ▶ プログラムにおいて条件によって動かす内容を切り替える命令のこと

4-1 ねこをキーで動かしてみよう

キーボードの矢印キー（←→キー）で左右にねこを動かしてみましょう。
向きに合わせてキャラクターの向きを変えて動かします。

○ 背景を用意する

新規の画面を開いたら、最初に、背景を用意しましょう。3日目でやっているので問題なくできますね。

1 43ページの手順①〜②を参考に、[背景を選ぶ]画面から[Boardwalk]を選びます

[Boardwalk]（ボードウォーク）は[屋外]にあります。

○ ねこを床の上まで動かす

ねこが画面の真ん中にいるので、ドラッグして床の上に移動しましょう。

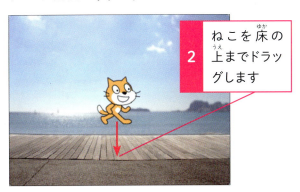

2 ねこを床の上までドラッグします

ねこが床の上に移動したことを確認します

○ キャラクターの名前を変える

いま、このねこには「スプライト1」という名前がついています。わかりやすいように、「ねこ」に変えましょう。

3 「スプライト1」の部分をドラッグして選択します

4 「ねこ」と入力します

これでキャラクターの名前が「ねこ」に変わりました

○ ➡️キーで右に動かす

次に➡️キーを押したら、ねこが右に移動するようにします。これは、「ねこを右に動かすための条件」が「➡️キーを押す」ことだといえますよね。条件によって動きを切り替えるブロックは、[調べる]にある[もし<>なら]になります。<>のところに条件が入ります。今回は、[右向き矢印キーが押されたなら]となります。この動作を[ずっと]ブロックで繰り返すことで、キーが押されるたびに動くようになります。

5 [イベント]にある[🚩が押されたとき]をドラッグして、右側の枠にドロップします

6 [制御]にある[ずっと]を、[🚩が押されたとき]の下につなげます

7 [もし<>なら]を[ずっと]の中に入れます

8 [調べる]をクリックします

9 [スペースキーが押された]を[もし<>なら]の<>に入れます

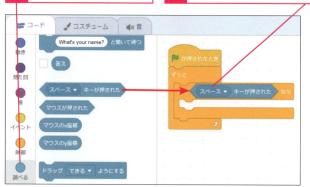

ブロックの左端を、入れたい<>の部分に近づけると、<>部分に白い枠が表示されます。そのときにブロックをドロップすると、ブロックが入れ子になります。

10 [スペース]をクリックします

11 表示されるメニューから、[右向き矢印]をクリックします

これで、条件が「右向き矢印キーが押されたなら」、となりました。

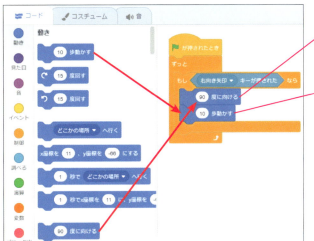

12 [動き]にある[90度に向ける]を、[もし<>なら]の中に入れます

13 「10歩動かす」を[90度に向ける]の下につなげます

スクラッチでは、90度は右向きを意味しています。→キーが押されたときに、右向きに10歩動くという動作をプログラムしました。ここで90度にしないと、→キーを押しても右に動きません。

○ ←キーで左に動かす

次に←キーを押したら、ねこが左に移動するようにします。さっき作ったプログラムの「もし～なら」の部分を<mark>複製（コピー）して違う部分だけ直しましょう</mark>。コピーをうまく利用することで、プログラミングの効率が上がります。

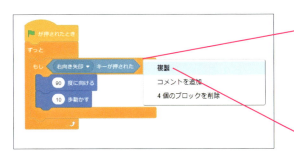

14 [もし<>なら]を右クリックします

右クリックはマウスの右ボタンをクリックするのでしたね。

15 [複製]をクリックします

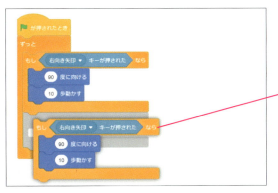

[もし<>なら]ブロックのかたまりが複製されました

16 [もし<>なら]の下でクリックします

上にある「もし<>なら」の中に入れないように気をつけましょう。

4日目 りんごゲットゲームを作ろう①

できる 57

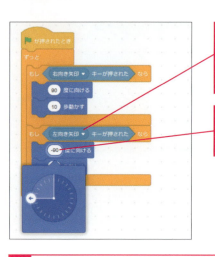

17 57ページの手順⑩〜⑫を参考に、[もし右向き矢印キーが押されたなら]の[右向き矢印]をクリックして、[左向き矢印]を選択します

18 [90度に向ける]の「90」の部分を「-90」にします

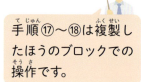

手順⑰〜⑱は複製したほうのブロックでの操作です。

19 [動き]にある[回転方法を左右のみにする]を、[▶が押されたとき]の下につなげます

→キーが押されたときに右に動く、←キーが押されたときに左に動く、という2つの動作を繰り返すことで、キーが押されたときに動くようになるのです。

ここまでできたら▶をクリックしてみよう！ キーボードの→キーと←キーで左右に動くよ。

スイスイ動くわ！

最後に入れた[回転方法を左右のみにする]はなんですか？

これを入れないで動かすと、ねこが左を向いたときにひっくり返ってしまうんだ。

覚えておこう！
- 条件分岐（もし〜なら）は動作を切り替えることができる
- キー入力をいつでも受けつけるときは、キーが押されたときを繰り返し調べるようにプログラムする

4日目 りんごゲットゲームを作ろう①

58

4-2 りんごをいろんな場所に出す

ねこを左右に動かせたら、次はりんごが左右のあちこちに出ては消えるようにプログラムしてみましょう。

https://dekiru.net/tsd_scr3_402

りんごがいろいろな場所に出たり消えたりを繰り返す

りんごが、床の上のいろいろな場所で出たり消えたりを繰り返します。

○ りんごを追加する

最初に、りんごを追加しましょう。りんごは［スプライトを追加する］画面で選びます。

1 44ページの手順⑤を参考に、［スプライトを選ぶ］画面にします

2 ［Apple］をクリックします

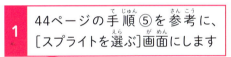

ここで選択されているスプライトに対するプログラムを作っていきます。ねこを選択したら、4-1で作ったねこを動かすプログラムが表示されます。

りんごが青く囲まれて、選択されていることを確認します

○ りんごが1秒おきに出たり消えたりするようにする

次に、りんごが1秒おきに出たり消えたりするようにします。3-1でやったのと同じように、「隠す」「1秒待つ」「表示する」「1秒待つ」を「ずっと」繰り返すようにプログラムしましょう。

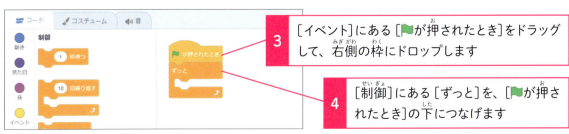

3 ［イベント］にある［🏁が押されたとき］をドラッグして、右側の枠にドロップします

4 ［制御］にある［ずっと］を、［🏁が押されたとき］の下につなげます

5 ［見た目］にある［隠す］を、［ずっと］の中に入れます

6 ［制御］にある「1秒待つ」を、［隠す］の下につなげます

7 ［見た目］にある［表示する］を、［1秒 待つ］の下につなげます

8 ［制御］にある［1秒待つ］を、［表示する］の下につなげます

○ りんごが左右に移動する動きを加える

りんごが出たり消えたりしながら、左右に移動するようにしましょう。ゲームらしくするために、ここでも乱数を使ってどこに出るかわからないようにします。

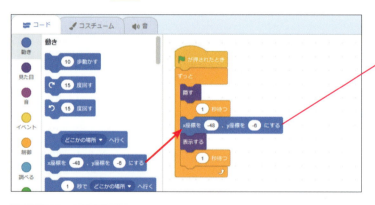

9 ［動き］にある［x座標を○、y座標を○にする］ブロックを、［1秒待つ］と［表示する］の間に入れます

10 ［演算］にある［1から10までの乱数］を、［x座標を○、y座標を○にする］のx座標の数字の部分に入れます

ここで「-240から240」としないで「-200から200」としているのは、-240、240にするとりんごの絵が真ん中で切れてしまうからです。りんごが切れない範囲で表示させています。

11 ［1から10までの乱数］の「1」を「-200」に変えます

12 ［1から10までの乱数］の「10」を「200」に変えます

13 ［y座標］を「-50」に変えます

4-3 りんごのゲットで点を入れる

最後に、りんごを取る部分を作ります。りんごがいろいろなところに現れて、それをゲットしたら1点というゲームにしましょう。

ねこがりんごに触れたらりんごが消えて、スコアが入るようにします。

● ねこがりんごをゲットしたら、りんごを消す

次に、りんごをゲットしたときの動きを作ります。もしねこに触れたなら、りんごを隠すというところまでプログラムしてみましょう。🏁が押されてゲームがスタートすると、ねこがりんごに触れたとき、りんごを隠す、という動きを作ります。

1 [イベント]にある[🏁が押されたとき]をドラッグして、右側の枠にドロップします

2 [制御]にある[ずっと]を、[🏁が押されたとき]の下につなげます

3 [もし<>なら]をドラッグして、[ずっと]の中にドロップします

ここで[ずっと]を入れないと、このプログラムは🏁を押した直後に1回だけ動作して終わってしまいます。コンピューターの処理は速いため、何も起こらなかったように見えます。

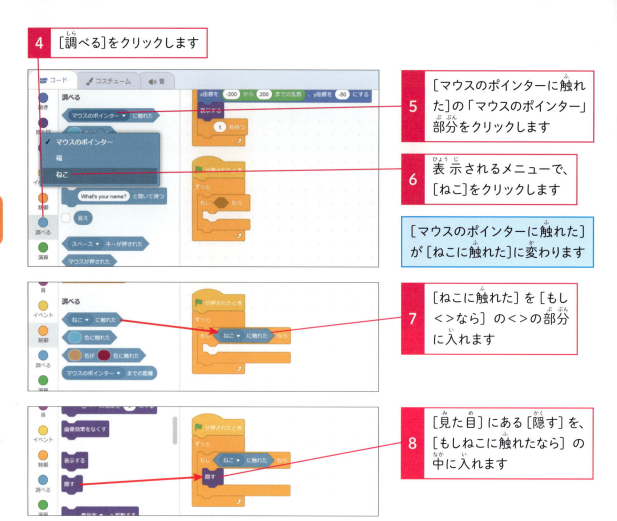

スコアを増やす

次に、ねこがりんごに触れるとスコアが1ずつ増えるようにします。スコアはスタート時点では0にしておいて、りんごに触れるたびに増えるようにします。まず変数にわかりやすい名前をつけましょう。

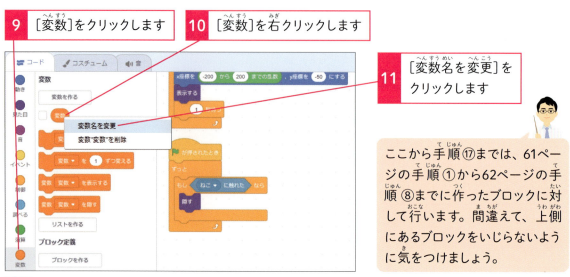

12 「スコア」と入力します

13 [OK]をクリックします

14 [スコア]の□をクリックしてチェックをつけます

ステージに[スコア [0]]と表示されます

15 [スコアを0にする]を[🚩が押されたとき]との下につなげます

16 [スコアを1ずつ変える]を[隠す]の下につなげます

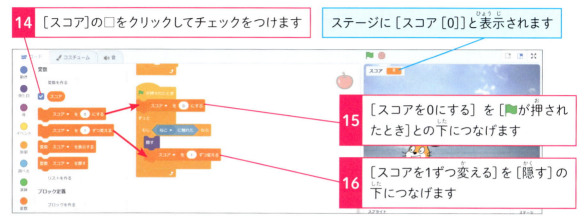

○ りんごをかじる音を入れる

りんごを取ったときに、りんごをかじる音が鳴るようにしてみましょう。

17 [音]にある[Chompの音を鳴らす]を、[隠す]の下につなげます

このプログラムは5日目に使うので、25ページの手順①〜②と同じように操作して保存しておいてください

ここまでできたら🚩をクリックしよう！ ←→キーでねこを動かして、りんごをゲットするとスコアが増えたかな。このプログラムのポイントは、ねこがりんごに触れたかどうか「調べる」動きを「ずっと」繰り返していることなんだ。繰り返さないで1回だけ動かした場合は、一瞬で終わってしまって、りんごに触れたかどうかわからないよ。

○ 何かに触れたときなどを調べる場合は、定期的にその状況を確認するために繰り返しの命令を入れる

4日目 りんごゲットゲームを作ろう①

できる 63

チャレンジ！
これまでに作ったりんごゲットゲームを改造してみましょう。

①出現時間を不規則に変えてみよう

さっきのプログラムは1秒ごとにりんごが出る、消えるを繰り返します。このタイミングを、1秒から2秒の間で不規則になるようにしましょう。

ヒント：不規則に数を変えるのは、乱数でしたね。

②りんごを空から降らせる

りんごが空から降ってくるようにしましょう。どの場所から降ってくるかはわからないように乱数を使って変化するようにしましょう。

ヒント：最初は上の場所に表示されるようにしてから、y座標を下につくまで徐々に減らせばよいですね。

解答は109ページにあるよ。参考にしてね！

5日目

りんごゲットゲームを作ろう②

5日目に学ぶこと

5-1 重力の動きを作ろう
重力をプログラムで表現する方法を学びます。

5-2 ねこをジャンプさせてみよう
繰り返し処理をするときの条件の作り方を学びます。

5日目にやること ふわっとジャンプする動きを作ろう

5日目 りんごゲットゲームを作ろう②

ゲームでよく見るキャラクターがジャンプする動きはどうやって作るんですか？

ボールを上に投げると、最初は勢いよく上がっていくけどだんだん遅くなって、やがて下に落ちてくる。これは地球の重力に引っ張られているためなんだけど、この力をまねして表現することで、ふわっとジャンプしている動きを作れるんだ。このように現実世界を真似して表現することを「シミュレーション」というよ。

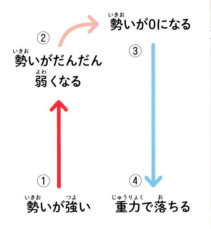

だんだん遅くなるというのもプログラムで作るんですね。

だんだん遅くするために、上に動かすために増やすy座標の数値を少しずつ小さくするんだ。小さくなって0になったら増やすのをやめる。こうすることで、ふわっと飛んでいるように見える。「0になったら止める」といった条件をプログラムで書くんだ。

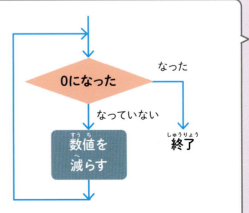

知ってるとカッコいい！キーワード　シミュレーション▶実際の現象をコンピューターで擬似的に（それらしく）再現すること。

66

5-1 重力の動きを作ろう

4日目に作ったプログラムに追加していきます。保存したプログラムは画面右上の📁を押すと出てくるので、[中を見る]をクリックして表示します。まずは、ねこが重力で床に引っ張られるようにしてみましょう。次の5-2でジャンプの動きを作るための準備です。

重力があると上にキャラクターをおいても下に戻る

マウスでねこを上に移動させると、勝手に床まで下りてきます。

○ 床のスプライトを用意する

最初に、床を用意します。==床をスプライトとして置いておく==ことで、「ぶつかる」という動作が表せます。

| 1 | [スプライトを選ぶ]🐱にマウスポインターを合わせます | 2 | [描く]🖌をクリックします |

絵を描く画面に切り替わりました。この部分に床のスプライトを描きます

| 3 | [四角形]□をクリックします | 4 | 左端の真ん中より少し下あたりにマウスポインターを合わせます |

5 手順④の位置から右下の端までドラッグします

6 床のスプライトにマウスポインタを合わせます

7 背景の床の位置までドラッグします

8 スプライトの名前を「床」に変えます

○ 床を透明にする

次に床のスプライトを透明にします。

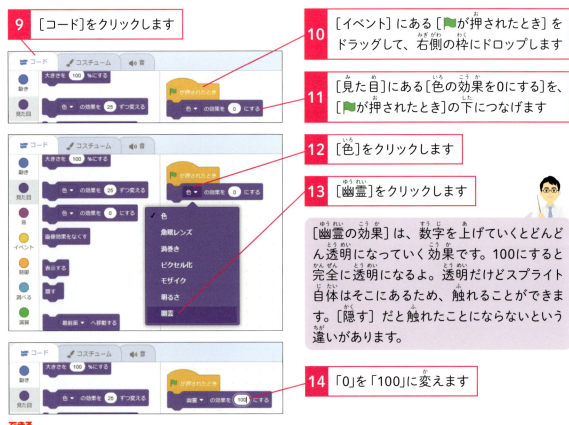

9 [コード]をクリックします

10 [イベント]にある[▶が押されたとき]をドラッグして、右側の枠にドロップします

11 [見た目]にある[色の効果を0にする]を、[▶が押されたとき]の下につなげます

12 [色]をクリックします

13 [幽霊]をクリックします

[幽霊の効果]は、数字を上げていくとどんどん透明になっていく効果です。100にすると完全に透明になるよ。透明だけどスプライト自体はそこにあるため、触れることができます。[隠す]だと触れたことにならないという違いがあります。

14 「0」を「100」に変えます

○ 重力の強さを決める

重力の動きを考えてみましょう。重力は地面から引っ張る力なので、重力に引っ張られると下に落ちます。この動きは、<mark>キャラクターのy座標の数字をいまいる位置から少しずつ減らす</mark>ことで表します。ここでは重力の強さを「4」(数値を減らすため、実際は「−4」)として作りましょう。

15 ねこをクリックします

4-1で作ったねこのプログラムが表示されます

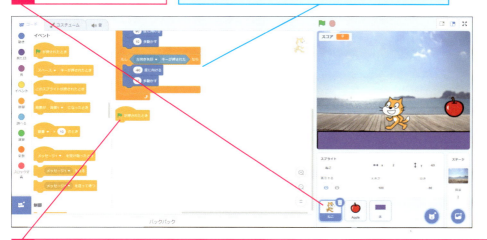

16 [イベント]にある[▶が押されたとき]をドラッグして、右側の枠にドロップします

17 [変数]をクリックします

18 [変数を作る]をクリックします

[スコアを0にする]ブロックの「スコア」の部分は変数名です。ここでは4日目の操作が反映されていますが、何もしていなければ「変数」となっています。

19 「重力」と入力します

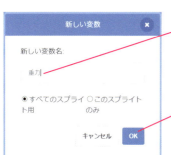

20 [OK]をクリックします

「重力」は、キーボードの J U U R Y O K U を押して、 Space キーで漢字に変換します。

69

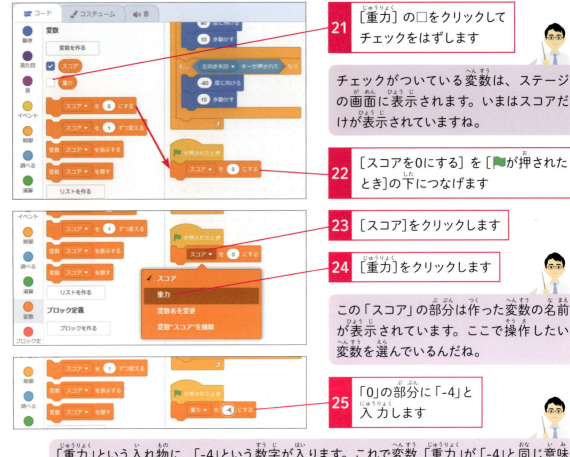

21 [重力]の□をクリックしてチェックをはずします

チェックがついている変数は、ステージの画面に表示されます。いまはスコアだけが表示されていますね。

22 [スコアを0にする]を[▶が押されたとき]の下につなげます

23 [スコア]をクリックします

24 [重力]をクリックします

この「スコア」の部分は作った変数の名前が表示されています。ここで操作したい変数を選んでいるんだね。

25 「0」の部分に「-4」と入力します

「重力」という入れ物に、「-4」という数字が入ります。これで変数「重力」が「-4」と同じ意味になるよ。もし重力の強さを変えたければ、この数字を変えればよいというわけです。

○ 重力の動きを追加する

下に落ちるためには、y座標の数値を繰り返し減らしていく必要がありますね。ここでは、さきほど設定した重力の強さで、下に落ちる動きを作ります。

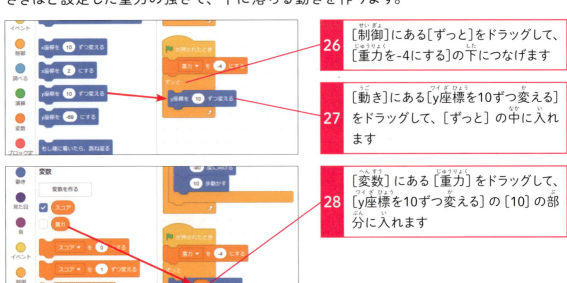

26 [制御]にある[ずっと]をドラッグして、[重力を-4にする]の下につなげます

27 [動き]にある[y座標を10ずつ変える]をドラッグして、[ずっと]の中に入れます

28 [変数]にある[重力]をドラッグして、[y座標を10ずつ変える]の[10]の部分に入れます

○ 床が押し返す動きを追加する

床で下に落ちる動きを止めるためには、床に触れたことを調べて、触れた場合に重力を打ち消します。打ち消すために、重力の数値だけ減らしたy座標を、もとに戻します。

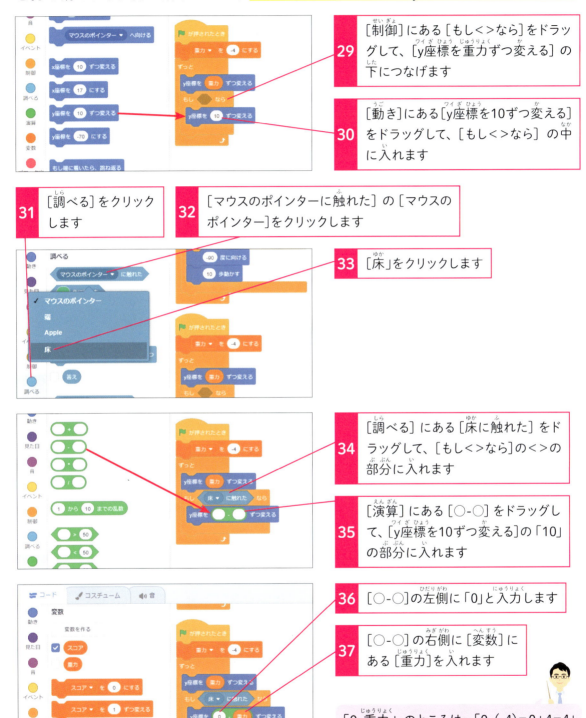

29 [制御]にある[もし<>なら]をドラッグして、[y座標を重力ずつ変える]の下につなげます

30 [動き]にある[y座標を10ずつ変える]をドラッグして、[もし<>なら]の中に入れます

31 [調べる]をクリックします

32 [マウスのポインターに触れた]の[マウスのポインター]をクリックします

33 [床]をクリックします

34 [調べる]にある[床に触れた]をドラッグして、[もし<>なら]の<>の部分に入れます

35 [演算]にある[○-○]をドラッグして、[y座標を10ずつ変える]の「10」の部分に入れます

36 [○-○]の左側に「0」と入力します

37 [○-○]の右側に[変数]にある[重力]を入れます

「0-重力」のところは、「0-(-4)=0+4=4」で、「y座標を4ずつ変える」となります。ずっと「-4」ずつ下りていたのが、床に当たると「4」ずつ上がるため、打ち消しあって止まるわけですね。

5-2 ねこをジャンプさせてみよう

Spaceキーを押すとねこがジャンプする動きをプログラムします。「勢い」という変数を用意し、繰り返し「勢い」の分だけy座標の数字が増えていきます。ただそれだと同じ勢いで上がり続けてしまうので、繰り返すびに「勢い」を0.5ずつ、0になるまで減らしていきます。こうすることで最初は勢いよく上がっていき、やがて勢いが「0」になり、5-1で作った重力で落ちてくる動きになります。

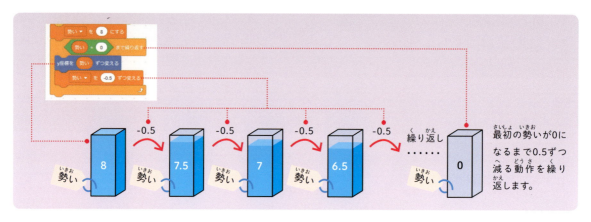

○ ジャンプの勢いを決める変数を作る

ジャンプの動きを作ります。ジャンプすると最初は勢いよく上がり、だんだん上がる勢いがなくなって重力によって下りてきます。まずはジャンプの勢いを決めましょう。

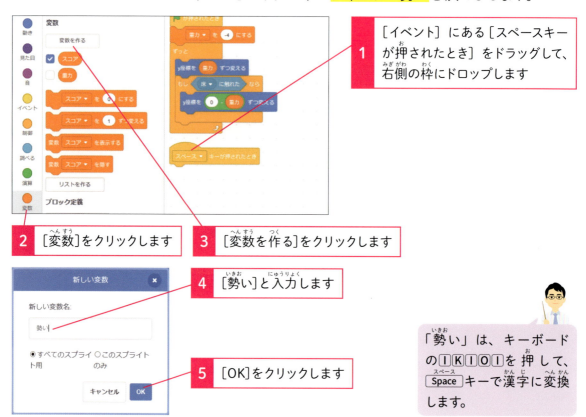

1 [イベント]にある[スペースキーが押されたとき]をドラッグして、右側の枠にドロップします

2 [変数]をクリックします

3 [変数を作る]をクリックします

4 [勢い]と入力します

5 [OK]をクリックします

「勢い」は、キーボードのIKIOIを押して、Spaceキーで漢字に変換します。

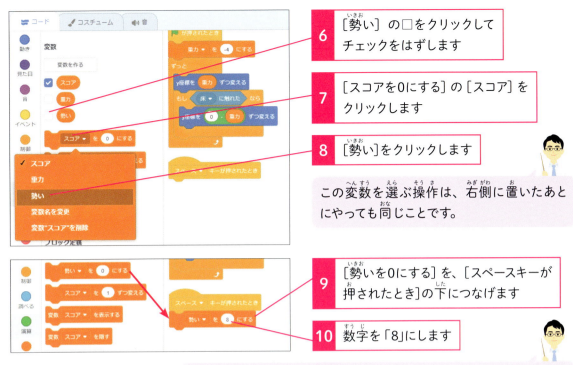

だんだん勢いが弱くなるようにする

次に、勢いを少しずつ減らすことで、ジャンプのスピードがゆっくりになる動きを作ります。ここでは、勢いを0.5ずつ減らしていき、0になるまで繰り返すようにします。

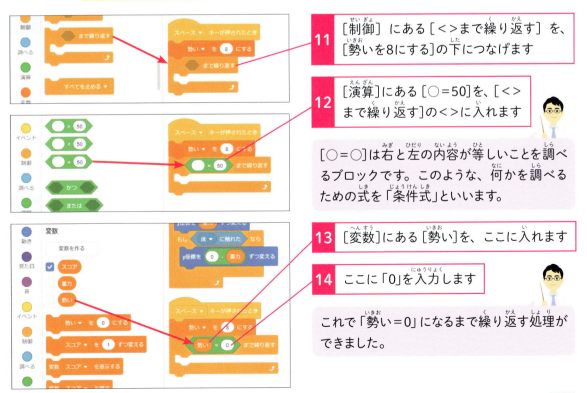

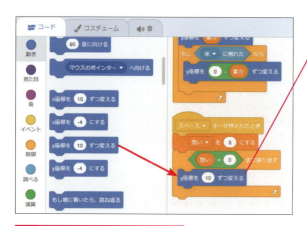

15 [動き]にある[y座標を10ずつ変える]を、繰り返しの中に入れます

この繰り返しの部分で、y座標の数値を[勢い]分だけ増やしています。[勢い]が[重力]の値よりも小さくなると上に移動しなくなります。[勢い]が[重力]よりも小さくなったあと、0になるまでは落ちるスピードが遅くなります。[重力]と[勢い]が打ち消し合うからです。

16 [変数]をクリックします

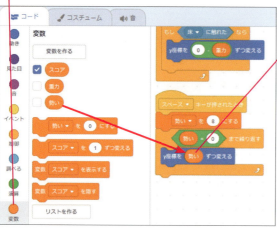

17 [変数]にある[勢い]を、[y座標を10ずつ変える]の「10」の部分に入れます

[y座標を[勢い]ずつ変える]とすることで、[勢い]の分だけy座標を増やしています。この部分が、勢いの分だけ高く上がる動作ですね。

18 [スコアを1ずつ変える]の[スコア]をクリックします

19 表示されるメニューで、[勢い]をクリックします

20 [勢いを1ずつ変える]を[y座標を勢いずつ変える]の下につなげます

21 「1」を「-0.5」に変えます

増やす[勢い]を少しずつ減らすことで、上に行くほどゆっくりになります。ここでは0.5ずつ減らすようにしています。

● ジャンプしたときだけりんごに届くようにする

ここまででジャンプできるようになりましたが、ジャンプしたときだけりんごに届くようにしましょう。りんごが出現する高さを変えます。

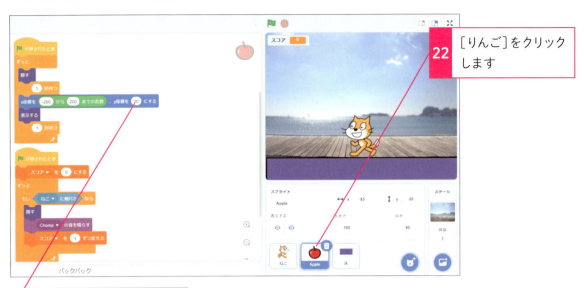

22 [りんご]をクリックします

23 y座標を「20」に変えます

ここまでできたら🚩をクリックしてみよう！ ふわっとジャンプする動きが確認できるね。

ジャンプはもう少し高くてもいいかな……。

自分でゲームを試しながら数字は調整していこう。変数という「入れ物」を作っておけば、あとから中身を入れ替えられるから便利なんだよ。これまでも変数を作るときは、必ず名前をつけていたね。この名前も大切で、わかりやすい名前をつけておかないと、その変数が何の入れ物なのかわからなくなってしまうんだ。

○ 繰り返しや分岐処理で使う比較の式は、右の数値と左の数値を比べて条件が成り立つかどうかを調べる。このような式を条件式という

チャレンジ！
りんご以外のアイテムをとったら減点するようにしましょう。

5日目 りんごゲットゲームを作ろう②

①違うアイテムを降らせてみよう

りんご以外のアイテムを追加して降らせてみましょう。変なアイテムをとったときはスコアを減点してみましょう。

ヒント：降ってくる動きは、y座標を－（マイナス）の数値ずつ変える、という動きを繰り返し行うことで表せます。減点する部分も、－（マイナス）ですね。

解答は110ページにあるよ。参考にしてね！

6日目

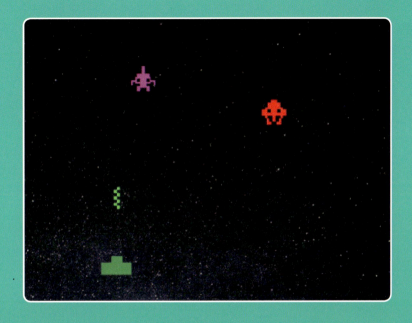

インベーダーゲームを作ろう①

6日目に学ぶこと

6-1 オリジナルキャラを描こう
キャラクターをドット絵で描く方法やアニメーションの作り方を学びます。

6-2 敵キャラの動きを作ろう
キャラクターにアニメーションの動きを入れる方法、座標の増減で移動させる方法について学びます。

6-3 弾と自機の動きを作ろう
ほかのキャラクターの位置情報を取得する方法について学びます。

6日目にやること インベーダーゲームを作ろう

キャラクターはどうやって描くのですか？

キャラクターは画面上で描くのだけど、スクラッチでは「ビットマップ」という形式と「ベクター」という形式で絵が描けるよ。ビットマップは、点の集まりで絵を表現する形式。デジカメやスマホで撮った写真を拡大して見ると絵が粗くなるのだけど、それは点の集まりで描かれているからなんだ。もう1つのベクター形式は数式を使って図形を描くやり方。拡大しても点が見えないから、絵が粗くならないのが特徴だよ。

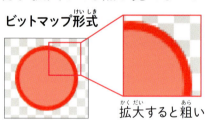
ビットマップ形式　拡大すると粗い

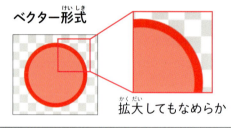
ベクター形式　拡大してもなめらか

弾を撃ってインベーダーをやっつけるのはどうやるの？

このゲームでは、インベーダーは自動的に左右に動くようにして、自機はキーを押して左右に動かすようにするよ。そして、自機の位置から弾を発射して、インベーダーにあたったらインベーダーが消えるようにしたいよね。ここでは弾が自機のいる場所についてきて、発射の合図で飛んでいく、という動きをどうやって作るかを教えるよ。

自機のスプライト

x座標：50
y座標：-100

調べる
弾のスプライト

弾のスプライトが、自機の場所を調べて、ついてくるようにする

6-1 オリジナルキャラを描こう

インベーダーゲームに登場するキャラクターをドット絵風に描いてみましょう。ここでは、自機、敵キャラ、自機が発射する弾を描きます。

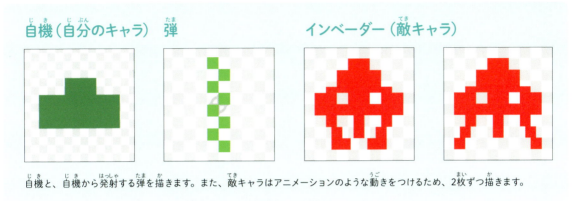

自機と、自機から発射する弾を描きます。また、敵キャラはアニメーションのような動きをつけるため、2枚ずつ描きます。

○ キャラクターを描く準備をする

25ページの手順③〜④を参考に、新規の画面を開いたら、ねこのスプライトを消します。それから絵を描く画面に切り替えて、インベーダーのキャラを描いていきましょう。

新規の画面に切り替えておきます

1 ［スプライト1］の🗑をクリックします

2 ［スプライトを選ぶ］🐱にマウスポインターを合わせます

3 表示されるメニューで、［描く］🖌をクリックします

ドット絵 ▶ ドットは「点」のこと。ここでは、マス目を点に見立てて、マス目に合わせて描く絵のこと。

○ ビットマップ形式で描く

まずは自機（自分が操作するキャラ）を描きましょう。今回は、昔のインベーダーゲームのようにカクカクした絵にしたいので、「ビットマップ」という形式で描きます。また、色の決め方も覚えましょう。

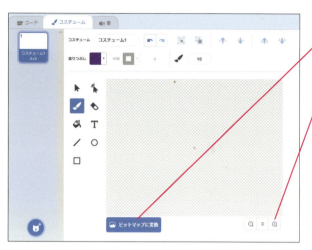

4 ［ビットマップに変換］をクリックします

5 を4回クリックします

 をクリックすると画面が大きく、 をクリックすると小さくなります。真ん中の = をクリックすると、最初の大きさに戻ります。描きやすい大きさにしましょう。

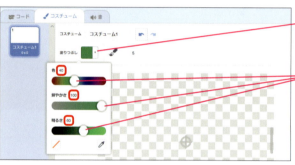

6 ［塗りつぶし］をクリックします

7 ［色］［鮮やかさ］［明るさ］の○を動かして色を決めます

ここでは、［色］を40、［鮮やかさ］を100、［明るさ］を60にしています。

8 ［四角形］ をクリックします

9 ドラッグして長方形を描きます

ここではマス目を目安にタテ4マス、ヨコ10マス分の大きさにしています。間違えた場合は、画面の上のほうにある ↶ をクリックするとやり直せます。

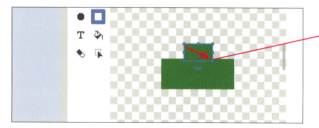

10 手順⑨の長方形の上に小さい長方形を描きます

ここではタテ2マス、ヨコ4マス分の大きさにしています。

11 スプライトの名前を「自機」に変えます

「自機」はキーボードで J I K I と と押して Space キーで変換して入力しましょう。

○ ドット絵を描く

次は、敵キャラのインベーダーを描いていきます。今回は、1マスずつ描く「ドット絵」にチャレンジしてみましょう。

12 手順②〜⑤と同じ操作をしてキャラを描く画面にし、手順⑥〜⑦を参考に色を決めます

塗りつぶしの色は、[色]と[鮮やかさ]、[明るさ]を100にしています。

13 [筆] をクリックします

[筆]にすると、自由に描けます。ほかにも直線や円など、描きたいものに合わせて道具を選べます。

14 太さを「5」にします

太さを5にすると、筆先の大きさがマス目よりひとまわり小さい四角形になります。

太さ5の筆で1つのマス目を埋めるには、マス目の4つの角それぞれに筆先を合わせてクリックしていきます。そのため4回クリックする必要があります。

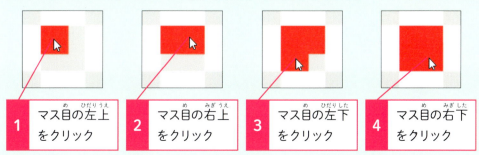

1 マス目の左上をクリック
2 マス目の右上をクリック
3 マス目の左下をクリック
4 マス目の右下をクリック

6日目 インベーダーゲームを作ろう①

できる 81

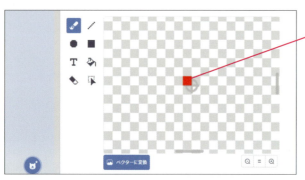

15 マス目をクリックして色をつけていきます

16 このようなインベーダーを描きます

この形は例なので、ほかの形に描いても大丈夫です。

○ キャラを複製してポーズを変える

アニメーション用にポーズの違うキャラを作りましょう。手順⑱で描いたキャラを複製（コピー）して、足の部分を広げたインベーダーを描きます。

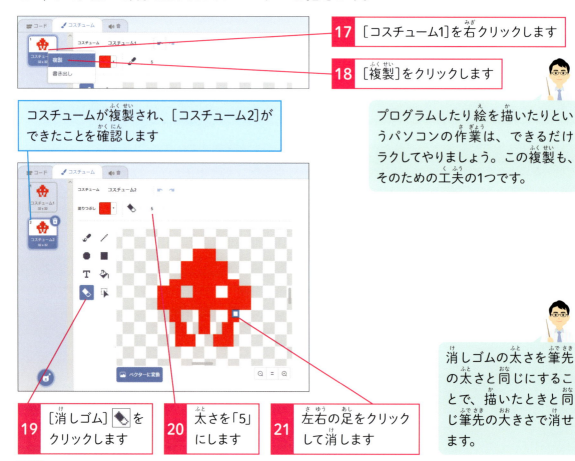

17 ［コスチューム1］を右クリックします

18 ［複製］をクリックします

コスチュームが複製され、［コスチューム2］ができたことを確認します

プログラムしたり絵を描いたりというパソコンの作業は、できるだけラクしてやりましょう。この複製も、そのための工夫の1つです。

19 ［消しゴム］をクリックします

20 太さを「5」にします

21 左右の足をクリックして消します

消しゴムの太さを筆先の太さと同じにすることで、描いたときと同じ筆先の大きさで消せます。

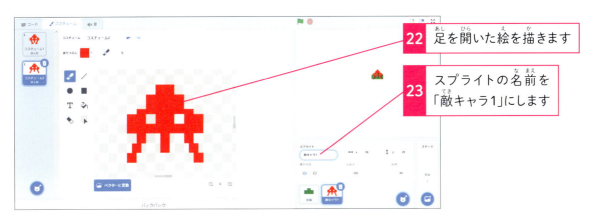

22 足を開いた絵を描きます

23 スプライトの名前を「敵キャラ1」にします

24 手順⑫から㉓と同じようにして、「敵キャラ2」という名前のスプライトを作ります

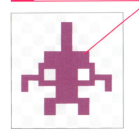 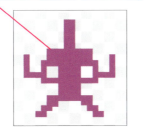

筆先の太さを変えたり、色を変えたりして、自由に描いてみましょう。今回は、敵キャラは赤や紫でそろえてみました。

25 手順⑫から㉓と同じようにして、「弾」という名前のスプライトを作ります

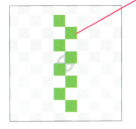 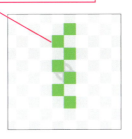

弾は自機が撃つものだから、緑色の自機とそろえて黄緑にしました。

背景を変える

インベーダーゲームらしく、宇宙の背景に変更しましょう。

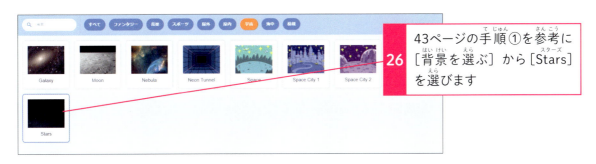

26 43ページの手順①を参考に[背景を選ぶ]から[Stars]を選びます

覚えておこう！
○ コンピューターでの絵の描き方は、ビットマップ形式とベクター形式がある
○ パソコンでは、複製などのテクニックを使って効率よく作業する

6-2 敵キャラの動きを作ろう

次に、敵キャラクターの動きをプログラムします。敵キャラは左右に行き来するように作ります。

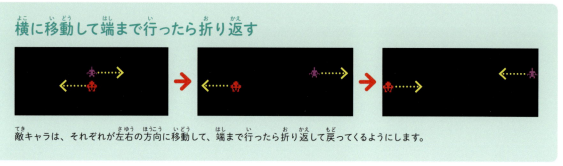

横に移動して端まで行ったら折り返す

敵キャラは、それぞれが左右の方向に移動して、端まで行ったら折り返して戻ってくるようにします。

◯ 敵キャラの基本的な動きを決める

まずは、敵キャラの基本的な動きを作ります。回転方向を左右のみにすることで、下向きにひっくり返らないようにしましょう。

68ページの手順⑨と同じようにして、[コード]に切り替えておきます

1 [敵キャラ1]をクリックします

2 [イベント]にある[▶が押されたとき]をドラッグして、右側の枠にドロップします

3 [動き]にある[回転方法を左右のみにする]を、[▶が押されたとき]の下につなげます

◯ 敵キャラが10歩動くごとにポーズを変えるようにする

次に、敵キャラ1が10歩動くごとにポーズを変えるようにします。この動きは繰り返したいので、[ずっと]ブロックの中に入れます。ポーズを変えるには、[動き]にある[次のコスチュームに変える]ブロックを使います。

4 [制御]にある[ずっと]を、[回転方法を左右のみにする]の下につなげます

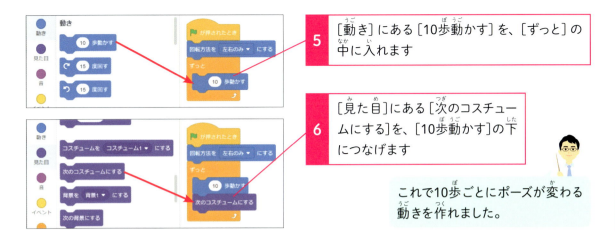

5 [動き]にある[10歩動かす]を、[ずっと]の中に入れます

6 [見た目]にある[次のコスチュームにする]を、[10歩動かす]の下につなげます

これで10歩ごとにポーズが変わる動きを作れました。

○ 画面の端まで行くと折り返してくるようにする

敵キャラが画面の端まで行ったら、折り返してくるようにします。また、10歩移動するのを0.5秒おきにしてみましょう。

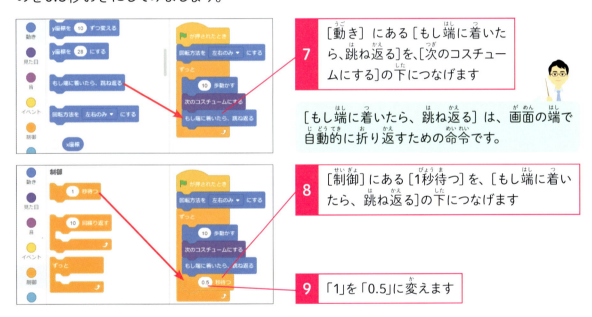

7 [動き]にある[もし端に着いたら、跳ね返る]を、[次のコスチュームにする]の下につなげます

[もし端に着いたら、跳ね返る]は、画面の端で自動的に折り返すための命令です。

8 [制御]にある[1秒待つ]を、[もし端に着いたら、跳ね返る]の下につなげます

9 「1」を「0.5」に変えます

○ プログラムをコピーする

敵キャラ1に作ったプログラムを、敵キャラ2にコピーしましょう。

10 [▶が押されたとき]をドラッグして、[敵キャラ2]の上でドロップします

こうすることでプログラムをほかのスプライトにコピーできます。

○ キャラの位置を決める

自機の位置を画面の下のほうにして、敵キャラはそれぞれずれた位置で動くようにしましょう。ここでは、スプライトの設定を変えてみます。

11 ［敵キャラ1］をクリックします

12 y座標を「60」にします

この画面でスプライトを選んで、x座標（横の位置）やy座標（縦の位置）、大きさや向きを設定できます。

13 ［敵キャラ2］をクリックします

14 y座標を「100」にします

15 ［向き］を「-90」にします

敵キャラ2の向きにマイナスの数字を入れることで、敵キャラ1とは反対の方向に移動するようになります。「-90」はマイナス90度の角度、つまり正反対ですね。

16 ［自機］をクリックします

17 x座標を「0」にします

18 y座標を「-130」にします

ここで入力している数字は例なので、自分でもいろいろな数字に変えて試してみてください。

［動き］のブロックで［x座標を-10ずつ変える］でも左向きに移動したけど、ここで向きを変えておけば［10歩動かす］でも左向きに移動するのね！

同じ移動でも、向きを変える、移動する数字をマイナスにするなど、別のやりかたがあるんだよ。

覚えておこう！ ○ アニメーションは複数の絵を切り替えることで実現している

6-3 弾と自機の動きを作ろう

弾にあたったときの動作や、弾の動きを作ります。弾にあたると敵キャラが消える、移動する自機の場所に合わせて弾が発射するなど、==状況に合わせた動き==を作っていきましょう。

自機がどこにいても、その位置から弾が発射される

Space キーを押すと、自機の位置から弾が発射されるようにします。自機は、←→キーで移動します。

○ 弾にあたったときの動きを作る

敵キャラに弾があたったら消えるようにしましょう。ゲームスタートと同時に==敵キャラを表示して、弾に触れるまで待ち、弾に触れたら隠す==、のようにプログラミングします。

84ページの手順①と同じようにして、敵キャラ1に切り替えておきます

1 [イベント] にある [▶が押されたとき] をドラッグして、右側の枠に置きます

2 [見た目] にある [表示する] を、[▶が押されたとき] の下につなげます

3 [制御] にある [<>まで待つ] を、[表示する] の下につなげます

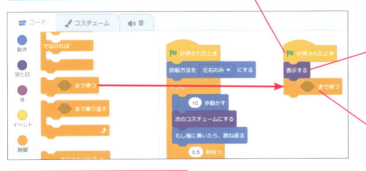

4 [調べる] をクリックします

5 [マウスのポインターに触れた] の [マウスのポインター] をクリックします

6 表示されるメニューで、[弾] をクリックします

7 [弾に触れた]を[<>まで待つ]の<>の部分に入れます

8 [見た目]にある[隠す]を、[弾に触れたまで待つ]の下につなげます

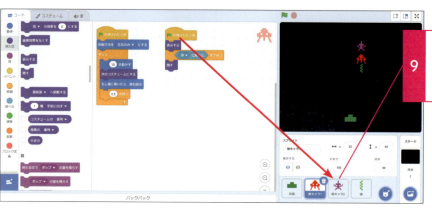

9 85ページの手順⑩を参考に[敵キャラ2]までドラッグします

これで敵キャラ2にも同じプログラムがコピーできました。なお、この方法でコピーすると、コピー先でもとからあったブロックと重なってしまうことがあるので、ブロックをドラッグして配置を調整しましょう。

○ 最初に弾を表示しないようにする

弾は発射されたときに表示したいので、<mark>最初は隠す</mark>ようにしましょう。

10 [弾]をクリックします

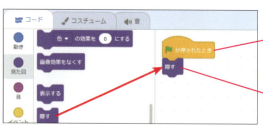

11 [イベント]にある[▶が押されたとき]をドラッグして、右側の枠にドロップします

12 [見た目]にある[隠す]を、[▶が押されたとき]の下につなげます

◯ 弾が発射されるときに自機に移動する

次は弾の動きを作ります。弾は、Spaceキーが押されたら、自機から上にまっすぐ発射したいので、自機の動きに合わせて弾の位置を決める必要があります。ここでは、==自機がどこにあるかを調べて、その場所に弾を移動するしくみ==を作りましょう。

13 [イベント]にある[スペースキーが押されたとき]を置きます

14 [動き]にある[x座標を○、y座標を○にする]を、[スペースキーが押されたとき]の下につなげます

15 [見た目]にある[表示する]を、[x座標を○、y座標を○にする]の下につなげます

16 [調べる]をクリックします

17 [ステージの背景#]を[x座標を○、y座標を○]の○の部分にそれぞれ入れます

18 [x座標をステージの]の[ステージ]を[自機]にします

19 [x座標]にします

20 [y座標をステージの]の[ステージ]を[自機]にします

21 [y座標]にします

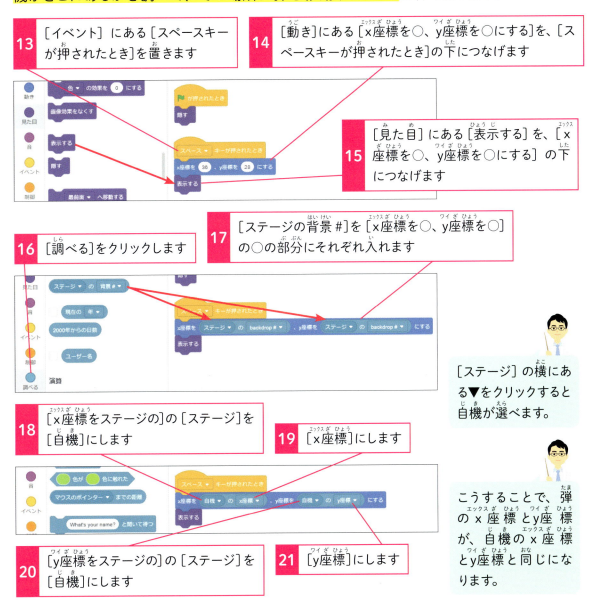

[ステージ]の横にある▼をクリックすると自機が選べます。

こうすることで、弾のx座標とy座標が、自機のx座標とy座標と同じになります。

◯ 弾が飛んでいく動きを作る

発射されたら、y座標を10ずつ上がって、端にあたったら隠れるようにします。

22 [制御]から[<>まで繰り返す]を[表示する]の下につなげます

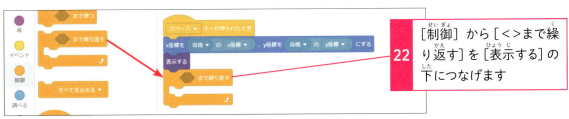

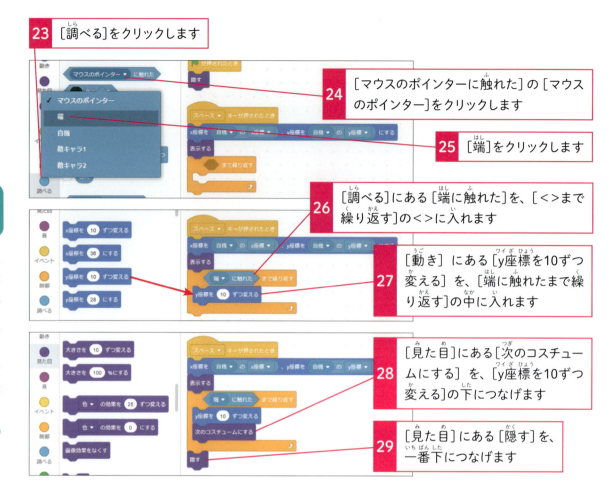

自機の動きを作る

最後に、自機の動きを作ります。←→キーを押すと左右に動くようにしましょう。x座標を増やすと右に、<mark>マイナスの数字にして減らすと左に移動</mark>します。

88ページの手順⑩を参考に、[自機]に切り替えておきます

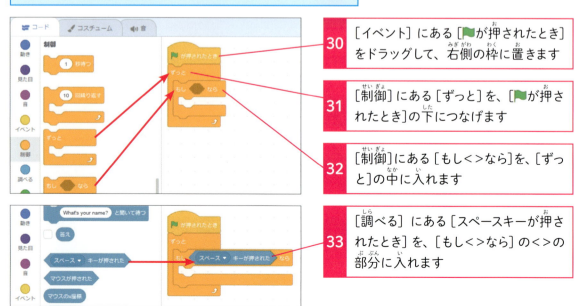

90

34 [スペースキーが押されたとき]の[スペースキー]を[右向き矢印]に変えます

35 [動き]にある[x座標を10ずつ変える]を、[もし右向き矢印キーが押されたなら]の中に入れます

36 手順32〜35のブロックを複製（コピー）して、この位置に入れます

複製は、ブロックを右クリックして[複製]を選ぶのでしたね。

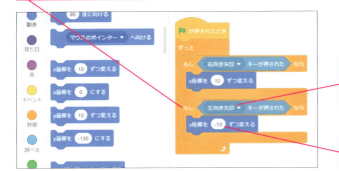

37 [右向き矢印]を[左向き矢印]に変えます

38 [10]を[-10]に変えます

これでインベーダーゲームは完成だよ。🏁をクリックして、←→キーで移動、Spaceキーで弾が出るか確認してみよう。保存するのも忘れずに！

インベーダーが生き物みたいに動いていて楽しい！

スクラッチでは、コスチュームを切り替えることでアニメのような動きを表現できるんだよ。

自機がいる場所から弾を発射できた！

弾の動きのように、座標の値が自機の位置で定まる場合は、自機がどこにあるかを調べて、その場所を弾に教えてあげる必要があるんだね。

覚えておこう！
- スプライトの情報を調べる命令を使って、スプライトの位置や向きがわかる

チャレンジ！
インベーダーゲームにスコアを追加してみましょう。

①スコアを追加しよう

スコアを追加します。インベーダーに弾があたったときに1点追加するようにしましょう。最初に0点に戻すのも忘れずに。

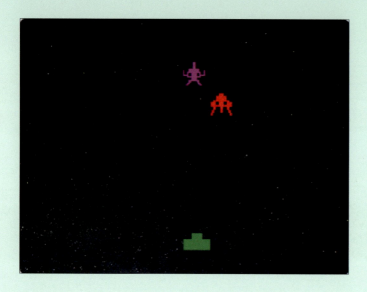

ヒント：
これまでに作ったりんごゲットゲームなどを参考に作ってください。

解答は110ページにあるよ。参考にしてね！

7日目

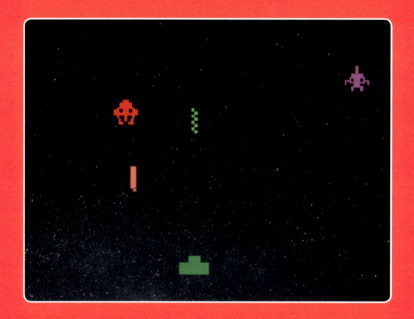

インベーダーゲームを作ろう②

7日目に学ぶこと

7-1 効果音を追加してみよう
効果音を入れる方法を理解します。

7-2 敵キャラに弾を撃たせよう
クローンの考え方とメッセージの使い方を学習します。

7-3 ゲームオーバーを追加しよう
あたり判定とあたったあとのゲームオーバーの処理を作っていままでの内容を復習します。

7日目にやること 敵キャラが攻撃するようにしよう

敵が弾を撃つようにするにはどうすればいいですか?

敵が弾を撃つといっても、一発撃って終わりだとつまらないから、何発も撃つようにしたいよね。それも勝手に撃ってくるようにしたい。これには、「クローン」と「メッセージ」の2つの機能を使うよ。

メッセージ

 「クローンを作れ!」

メッセージを受け取ったときの動作を決められる

クローン

同じスプライトをいくつも作り出す

敵の弾にあたったら、ゲームオーバーにしたいです。

「ゲームオーバー」という文字のスプライトを描いて、自機が敵の弾に触れたらそのスプライトが画面に表示されるようにしてみよう。これは敵の弾に触れたかどうか調べるブロックと、触れたときに「表示する」というメッセージをゲームオーバーのスプライトに送ればいいんだね。そして、表示されたら全部の動きが止まるようにしてみよう。

ゲームオーバーの動き

 「ゲームオーバーを表示!」

敵の弾に触れたらゲームオーバーを表示し、ゲームを終わりにする

知ってるとカッコいい!キーワード

クローン▶ DNAをコピーして同じ遺伝子を持った生物を生み出すこと。スクラッチでは、同じスプライトを生み出す機能のこと。

メッセージ▶ もともとは異なるプログラム間でタイミングを合わせて動作させるときに使用する通信機能。「同期通信」ともいう。

7-1 効果音を追加してみよう

6日目に作ったインベーダーゲームを改造しながら進めていきます。まずは、敵に弾があたったときの効果音を追加してみましょう。

敵キャラ1と2それぞれに、弾があたったときに音がなるようにします。

◯ 敵キャラに弾があたったときの音を追加する

弾があたったときに鳴る音として、敵キャラ1に[Alien Creak1]、敵キャラ2に[Alien Creak2]の音をつけます。

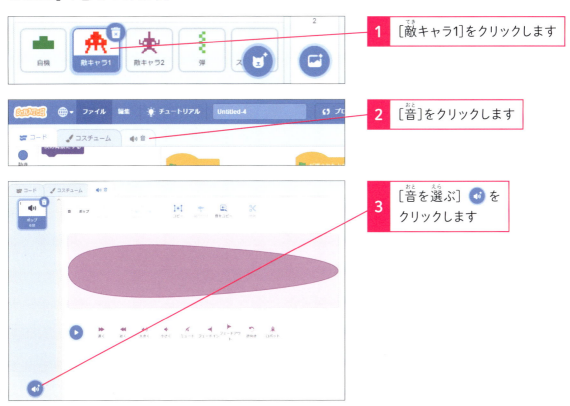

1 [敵キャラ1]をクリックします

2 [音]をクリックします

3 [音を選ぶ]をクリックします

効果音 ▶ ゲームや映画などで、何かの様子を表す音のこと。

4 [宇宙]をクリックします

5 [Alien Creak1]をクリックします

再生ボタン ▶ を押すと、その音を鳴らして確かめることができます。

[Alien Creak1]が追加されました

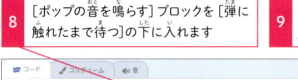

6 [コード]をクリックします

7 [音]をクリックします

8 [ポップの音を鳴らす]ブロックを[弾に触れたまで待つ]の下に入れます

9 [ポップ]をクリックします

手順⑧で[ポップ]が[Alien Creak1]になっていれば手順⑨〜⑩は不要です。

10 表示されるメニューで、[Alien Creak1]をクリックします

次の手順で、敵キャラ2は別の音が鳴るようにしてみましょう。

11 手順①から⑩と同じようにして、敵キャラ2に[Alien Creak2]の音を設定します

ここまでできたら、試しに 🚩 を押して動かしてみよう。敵に弾があたったときに音が鳴れば成功だよ。

7-2 敵キャラに弾を撃たせよう

次は、敵キャラが弾を撃ってくるようにしましょう。自機は私たちが Space キーを押して合図を送りましたが、敵キャラの弾は敵キャラから合図を送り、その合図をきっかけとして弾を飛ばします。

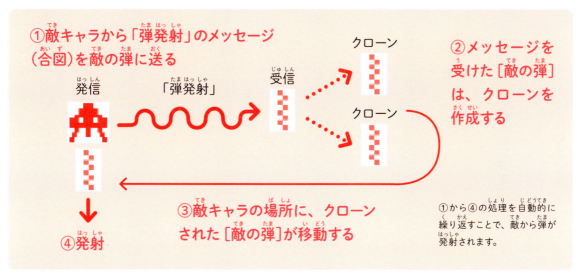

◯ 敵の弾を用意する

次に敵の弾を作ります。すでに作ってある自機の弾を複製して敵の弾に変更します。

1 [弾]を右クリックします　**2** [複製]をクリックします

弾が複製（コピー）できました

3 スプライトの名前を「敵の弾」にします

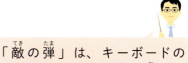

「敵の弾」は、キーボードの T E K I N O T A M A を押して、Space キーで漢字に変換します。

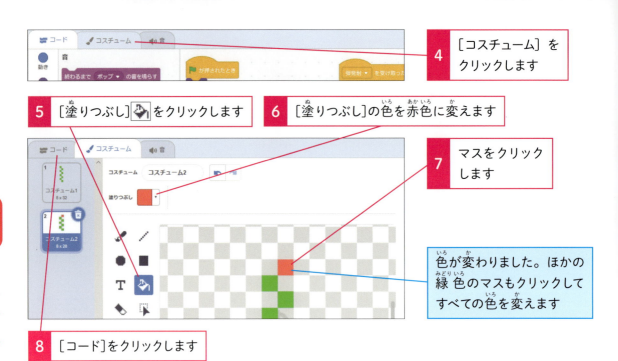

弾の発射合図をメッセージで受け取る

敵の弾は自動的に発射されるようにします。そのための合図として、メッセージを利用しましょう。しくみとしては、「敵の弾」が「敵キャラ」から発射の合図をメッセージで受け取ります。メッセージを受け取ると、「敵の弾」が「敵キャラ」から発射されます。ここでは、「弾発射」というメッセージを作成して合図とします。

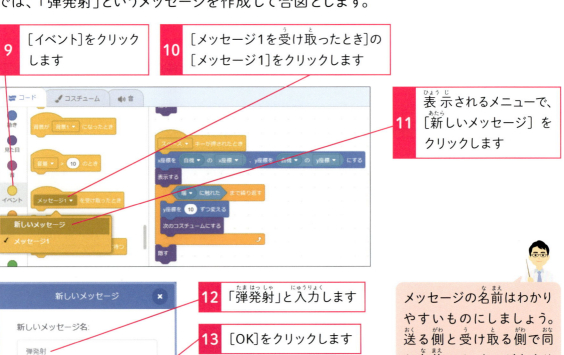

98 できる

14 [イベント]にある[弾発射を受け取ったとき]をドラッグして、右側の枠にドロップします

15 [制御]にある[自分自身のクローンを作る]を、[弾発射を受け取ったとき]の下につなげます

○ クローンされた弾を発射する

クローンされたときを合図に敵の弾が発射されるようにします。また、敵の弾が敵キャラの位置を調べて、その位置から下向きに発射されるようにしましょう。

16 [スペースキーが押されたとき]を右クリックします

17 [ブロックを削除]をクリックします

まずは弾が発射される合図であるイベントを変えます。自機の弾は Space キーで発射するようになっていましたが、敵の弾は「クローンされたとき」を合図に発射されるようにします。

18 [制御]にある[クローンされたとき]を、一番上につなげます

19 [x座標を自機のx座標]の[自機]を、[敵キャラ1]に変えます

20 [y座標を自機のy座標]の[自機]を、[敵キャラ1]に変えます

21 この部分を[y座標]に変えます

「自機」の部分を敵キャラに変えています。この部分は、自機の位置を調べて弾がついてくる動きでしたね。

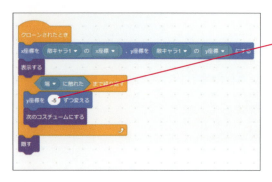

22 [y座標を10ずつ変える]の「10」を「-5」にします

マイナスの数字にすることで、下向きに弾が発射されます。数字は大きくするほど移動する距離が増えるので、弾のスピードは速くなります。いろいろ試してみましょう。

23 [制御]から[このクローンを削除する]を[隠す]の下につなげます

クローンは作れる数が限られているので、最後に削除します。消さないとどんどん増えてしまって、クローンが作れなくなってしまいます。

今回は敵キャラ1からだけ、弾が発射されるようにしています。敵キャラ2からも弾を発射したい場合は、敵の弾スプライトを複製（コピー）して、[敵キャラ1]の部分を[敵キャラ2]にしてください。

◯ 敵から弾発射のメッセージを送る

敵が弾を発射するようにメッセージを送る部分を作成します。

24 95ページの手順①と同じようにして、画面を[敵キャラ1]に切り替えます

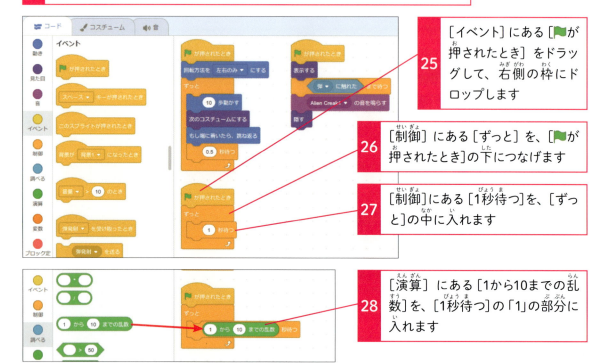

25 [イベント]にある[▶が押されたとき]をドラッグして、右側の枠にドロップします

26 [制御]にある[ずっと]を、[▶が押されたとき]の下につなげます

27 [制御]にある[1秒待つ]を、[ずっと]の中に入れます

28 [演算]にある[1から10までの乱数]を、[1秒待つ]の「1」の部分に入れます

29 ［1から10までの乱数］の「1」を「0.5」に変えます

30 ［1から10までの乱数］の「10」を「2」に変えます

31 ［イベント］にある［弾発射を送る］を、［0.5から2秒待つ］の下につなげます

これで0.5秒〜2秒の間隔で弾が発射されます。ゲームがむずかしく感じた場合はこの数字を大きくしてみましょう。

32 ［制御］にある［すべてを止める］を、［隠す］の下につなげます

33 ［すべてを止める］をクリックします

34 ［スプライトの他のスクリプトを止める］をクリックします

［スプライトの他のスクリプトを止める］を使うことで、ほかのブロックでずっと繰り返している処理がすべて止まります。

ここまでできたら🚩を押して、動きを確認してみよう。敵キャラ1から自動的に弾が発射されたら成功だよ。

Space キーを押したタイミングで自分の弾と敵の弾が同時に発射されます。どうして？

敵の弾が発射される合図が、「スペースキーが押されたとき」になってないかな？ ただしくは「クローンされたとき」だから確認してみよう。

覚えておこう！ 〇 同じ機能をたくさん用意したい場合はクローンを使う

7-3 ゲームオーバーを追加しよう

最後に、敵の弾にあたったときの自機の動きを追加します。弾にあたったときにゲームオーバーとなるようにしてみましょう。

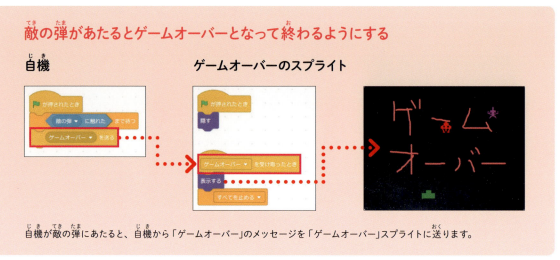

弾に触れたときの動きを作る

自機が敵の弾にあたったときにゲームオーバーになる処理を追加します。敵の弾にあたるまで待ち、あたったら<mark>ゲームオーバーのメッセージ</mark>を送ります。

1 ［自機］をクリックします

2 ［イベント］にある［▶が押されたとき］をドラッグして、右側の枠にドロップします

3 ［制御］にある［＜＞まで待つ］を、［▶が押されたとき］の下につなげます

4 ［調べる］にある［マウスのポインターに触れた］を、［＜＞まで待つ］の＜＞の部分に入れます

5 ここをクリックして、[マウスのポインター]を[敵の弾]に変えます

6 [イベント]にある[弾発射を送る]を、[敵の弾に触れたまで待つ]の下につなげます

7 [弾発射]をクリックします

8 表示されるメニューで、[新しいメッセージ]をクリックします

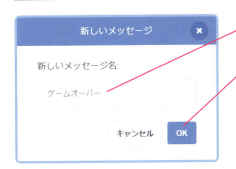

9 [ゲームオーバー]と入力します

10 [OK]をクリックします

[ゲームオーバーを送る]になったことを確認します

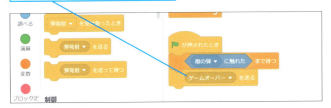

これで、🚩が押されたあと、敵の弾に触れるまで待ち、触れたら「ゲームオーバー」のメッセージを発信する、という動きが自機にプログラムできました。

○ ゲームオーバーの絵を描く

メッセージを受けたときに表示する「ゲームオーバー」のスプライトを描きましょう。

11 [スプライトを選ぶ]をクリックします

12 表示されるメニューで、[描く]をクリックします

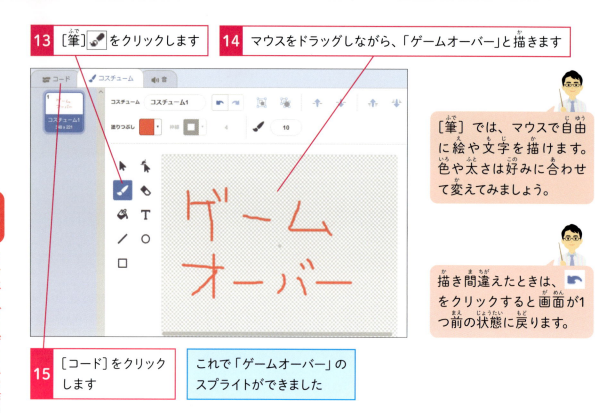

ゲームオーバーが表示されるようにする

ゲームオーバーのスプライトに、動きをプログラムしていきます。「ゲームオーバー」のメッセージは、自機が敵の弾にあたったときに、自機からゲームオーバーのスプライトに送られます。最初は隠しておいて、メッセージを受けたらゲームオーバーのスプライトを表示します。

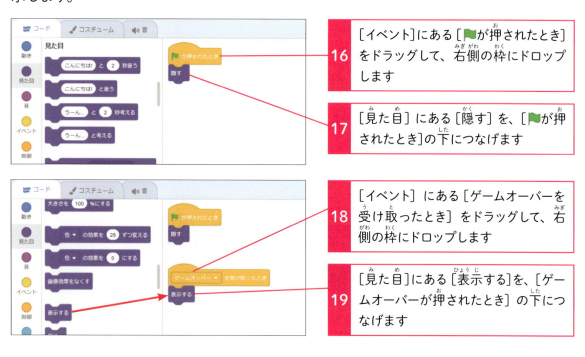

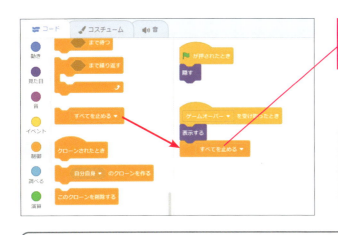

20 [制御]にある[すべてを止める]ブロックを、[表示する]の下につなげます

ゲームオーバーの文字を表示したあとにゲームを止めます。[すべてを止める]は、🏁の横にある🔴（停止）を押すのと同じ機能です。

いよいよ完成したね。🏁をクリックして動かしてみよう。弾を撃ってくるインベーダーを撃ち落とせるかな。

メッセージはいろいろな場面で使えて便利ですね。

メッセージは、スクリプト（プログラム）の間でやりとりするための機能なんだ。この機能を使えば、キャラクター同士でタイミングを合わせて動かすことができるよ。同じキャラクターの中でも、違うキャラクターとの間でも使うことができるんだ。受け取るほうは数の制限はないから、1つのメッセージだけでいろいろなキャラクターを同時に動かすときにも使えるね。

これまでにやったスコアの変数を追加したら、点数もつけられるね。

そうだね。スコアだけでなく、インベーダーの数を増やしたり、弾のスピードを速くしたりなど、これまで学んだ機能を活用すれば、工夫次第でもっとおもしろいゲームが作れるよ。いろいろチャレンジしてみよう！

  ☐ タイミングを合わせて動かしたい場合、メッセージを使う

 スクリプト ▶ 簡易的なプログラムのこと。スクラッチでは、ブロックのつながった1つのかたまりをスクリプトという。

チャレンジ！
ゲームをもっとおもしろくしてみましょう。

①自機の弾を連打

いまのプログラムの場合、自機の弾は1発ずつしか撃てないのですが、これを連射できるように改造しましょう。

ヒント：
複数の弾を出す場合はクローンです。弾をクローンで増やしてみましょう。［弾］スプライトに、[Space]キーが押されたときにクローンを作る、というプログラムを追加して、すでにあるプログラムは［クローンされたとき］をイベントにしましょう。そして最後の［隠す］の代わりに、［このクローンを削除する］をつなげます。

②敵を復活させる

いまのままだと敵は1回やられたら消えたままです。しばらくしたら敵を復活させるようにしましょう。

ヒント：
敵キャラが弾にあたったときの動きと、敵キャラが現れるタイミングがポイントとなります。敵キャラ1の動きの部分のイベントを［🏁が押されたとき］から［敵キャラ1を動かす］というメッセージを受け取ったときにします。そして、弾にあたった判定をする部分で、最初に敵キャラを動かし、弾があたって隠れたあとで少し待ってから最初に戻る、を繰り返すことで何度でも復活します。

解答は110ページにあるよ。参考にしてね！

完成見本

1日目から7日目までに作ったプログラムの完成形です。うまく動かない場合の参考にしてください。

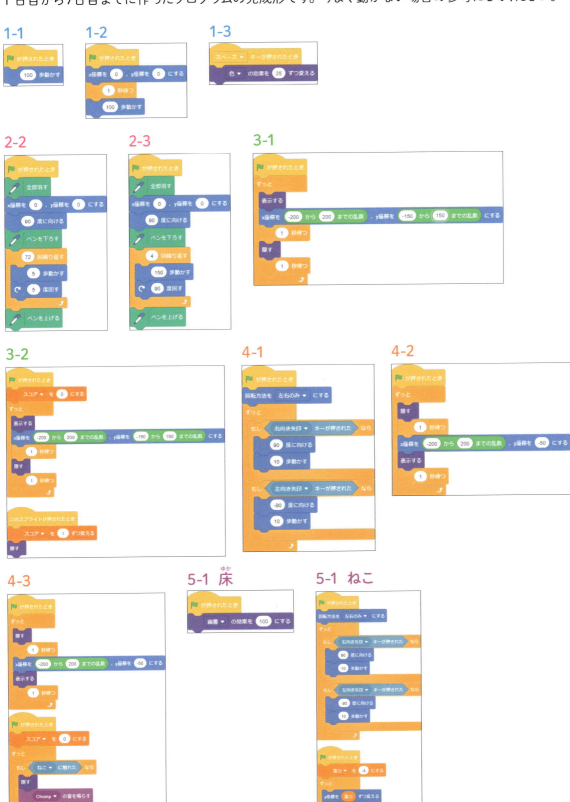

5-2 ねこ

5-2 りんご

6-2 敵キャラ1、敵キャラ2

6-3 自機

6-3 敵キャラ1、敵キャラ2
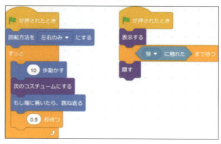

7-1 敵キャラ1
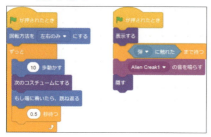

7-1 敵キャラ2

7-2 敵の弾

7-2 敵キャラ1

7-3 ゲームオーバー

7-3 自機

完成見本は、こちらのQRコードを読み取るか、以下のURLにアクセスしてご参照いただけます。

https://dekiru.net/tsd_scr3

チャレンジのこたえ

1日目

① ［色］を［渦巻き］に変えます。

② 数字をマイナスにします。

③ ［10歩動かす］をつなげます。

2日目

① 図形は、外側を回って描くので正三角形の場合は120度となります。

② 星の場合は頂点の内側の角が36度なので、その外側の角度の144度曲げます。

③ 合計で7本の線を描く必要があります。ここでは、2回引いたら向きを変えて、さらに2回引いたら向きを変えて、最後に3回引いて完成です。

3日目

① ［〇秒待つ］に乱数を使います。

② y座標を真ん中より下にするには、0より小さい値にします。

4日目

① ［〇秒待つ］の2箇所に乱数を使います。

② 最初のy座標を180にして、最後の［〇秒待つ］を［y座標を-10ずつ変える］にします。

5日目

①

4日目のりんごのプログラムを、新たに追加したキャラクターにコピーします。y座標を180の位置から-10ずつ変えることで落ちる動きを表します。36回繰り返し、一番下まで落としています。また、乱数を使って1～2秒ごとに出現させています。そして、新しいキャラクターに触れたら[スコアを-1ずつ変える]とすることで、このキャラに触れたときに点が減るようにできます。

6日目

①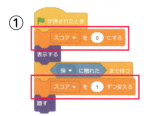

変数［スコア］を追加し、敵キャラが［弾に触れたまで待つ］のあとに［スコアを1ずつ変える］を入れます。［スコアを0にする］は、どこでもいいですが［▶が押されたとき］の下に入れます。

7日目

① ②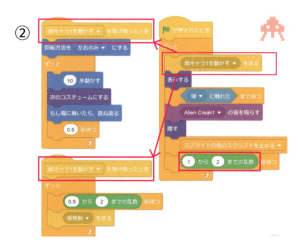

弾のプログラムを改造します。まず、スペースキーが押されたときに、自分自身のクローンを作るようにします。そして、弾が発射されるイベントを［クローンされたとき］として、終わったところでクローンを削除します。

［敵キャラを動かす］メッセージを送って、それを受け取ったタイミングで左右に移動する動きと弾を発射する動きをはじめます。また、弾があたったあとに1～2秒待ってから現れるようにしています。そうしないと、弾にあたってもすぐに復活してしまいます。

あとがき

最後までお疲れさまでした！ スクラッチを初めてやったみなさんも、この本を終える頃には自分でこういうのを作ってみたいと思うようになっているのではないでしょうか。「ねこじゃなくて犬に変えたい」、「恐竜よりも宝物をゲットするほうがいい」、「インベーダーの数少なすぎ。もっとガンガン増やしたい」など、本の中にあるものだけでも「変えたい」と思ったことが多く出てきたことでしょう。それ、どんどん変えていただいてOKです！ 自分で作りたいものを作れるのがプログラミングの醍醐味です。キャラクターを変えるのだって、ゲームをむずかしくするのだって自分で考えた立派な作品です。どんどん変えて新しいものを作ってみましょう。

そして本に書いてあることだけでは物足りなくなってきたら、ぜひ自分でいろいろなものを想像して作ってみてください。いきなり自分で考えるのがむずかしいときは、ほかの人が作った作品がいっぱいある、スクラッチのサイトを見てみましょう。アイディアはいろいろな新しい組み合わせを発見することで見つけられます。ほかの人が持っているアイディアをちょっと借りて、よいものを考えてみましょう。

失敗しても大丈夫！ 何度でも作り直して、自分で思ったものができるようにチャレンジしてみましょう。失敗したことが次の作品に生きます。繰り返しやっていくことでどんどん自分でイメージしたものが作れるようになります。そして、その次はぜひ本物のプログラミング言語を触ってみてください。この本をきっかけにコンピューターで新しい世界を切り開く人が生まれてくることを願っています。

2019年9月　小林　真輔

■著者
小林 真輔（こばやし　しんすけ）
株式会社タイムレスエデュケーション　代表取締役

2003年大阪大学大学院基礎工学研究科博士課程修了。博士（工学）。2003年10月、東京大学大学院情報学環助手、2006年10月から東京大学大学院情報学環特任准教授として教育研究に従事。2012年3月から10月まで中国の重点大学の一つである浙江大学において訪問学者として活動し帰国後、2012年11月YRPユビキタス・ネットワーキング研究所研究開発部長。2016年4月に若年層からの教育に革命を起こすべく、株式会社タイムレスエデュケーションを設立。自ら考える力を備えた子供に育って行けるように、新しい教育への取り組みを始める。2018年1月から東京大学大学院情報学環特任研究員、2019年4月から早稲田大学基幹理工学部非常勤講師を兼任。

■STAFF
カバー・本文デザイン　株式会社ドリームデザイン
DTP制作　町田有美・田中麻衣子
デザイン制作室　今津幸弘
　　　　　　　　鈴木 薫
制作担当デスク　柏倉真理子
編集協力　徳田 悟
副編集長　田淵 豪
編集長　藤井貴志

■商品に関する問い合わせ先
インプレスブックスのお問い合わせフォーム
https://book.impress.co.jp/info/
上記フォームがご利用いただけない場合のメールでの問い合わせ先
info@impress.co.jp

■落丁・乱丁本などの問い合わせ先
TEL 03-6837-5016　FAX 03-6837-5023
service@impress.co.jp
受付時間　10:00 〜 12:00 ／ 13:00 〜 17:30
（土日・祝祭日を除く）
●古書店で購入されたものについてはお取り替えできません。

■書店／販売店の窓口
株式会社インプレス 受注センター
TEL 048-449-8040　FAX 048-449-8041

株式会社インプレス 出版営業部
TEL 03-6837-4635

本書のご感想をぜひお寄せください　https://book.impress.co.jp/books/1119101061

「アンケートに答える」をクリックしてアンケートにご協力ください。アンケート回答者の中から、抽選で商品券（1万円分）や図書カード（1,000円分）などを毎月プレゼント。当選は賞品の発送をもって代えさせていただきます。はじめての方は、「CLUB Impress」へご登録（無料）いただく必要があります。

読者登録サービス CLUB Impress
登録カンタン費用も無料！

アンケートやレビューでプレゼントが当たる！

できる たのしくやりきる Scratch 3（スクラッチスリー） 子どもプログラミング入門（にゅうもん）
2019年10月21日　初版発行

著　者　小林 真輔（こばやししんすけ）
発行人　小川 亨
編集人　高橋隆志
発行所　株式会社インプレス
　　　　〒101-0051　東京都千代田区神田神保町一丁目105番地
　　　　ホームページ　https://book.impress.co.jp/

本書は著作権法上の保護を受けています。本書の一部あるいは全部について（ソフトウェア及びプログラムを含む）、株式会社インプレスから文書による許諾を得ずに、いかなる方法においても無断で複写、複製することは禁じられています。

Copyright © 2019 Shinsuke Kobayashi. All rights reserved.

印刷所　図書印刷株式会社
ISBN978-4-295-00765-4　C3055
Printed in Japan